U0396470

应用型高等院校信息与计算类系列实验教材

基于MATLAB数值分析

JIYU MATLAB SHUZI FENXI ZONGHE SHIYAN ZHIDAOSHU

综合实验指导书

孙丽英　编著

华南理工大学出版社

SOUTH CHINA UNIVERSITY OF TECHNOLOGY PRESS

·广州·

内容提要

本教材主要围绕数值分析的基本知识点，借助 MATLAB 实验平台和工具，给出误差分析与估计、插值法和拟合实验、数值微积分实验、线性方程组的直接解法/迭代解法、非线性方程求解、微分方程数值解法等 6 个问题的上机实现的算法清单，优化了实验设计，增强了教与学的良性互动，有助于提高数值分析课程的教学成效和学习者的实际问题解决能力。

本书可作为数值分析课程配套的实验教材，也可作为大专院校理工类学生学习科学计算方法的辅助教材。

图书在版编目（CIP）数据

基于 MATLAB 数值分析综合实验指导书/孙丽英编著 . —广州：华南理工大学出版社，2015. 7（2021. 8 重印）

应用型高等院校信息与计算类系列实验教材

ISBN 978 - 7 - 5623 - 4717 - 0

Ⅰ.①基…　Ⅱ.①孙…　Ⅲ.①数值分析 - Motlab 软件 - 高等学校 - 教学参考资料　Ⅳ.①O241 - 39

中国版本图书馆 CIP 数据核字（2015）第 175164 号

基于 MATLAB 数值分析综合实验指导书

孙丽英　编著

出 版 人：卢家明

出版发行：华南理工大学出版社

（广州五山华南理工大学 17 号楼，邮编 510640）

http：//hg.cb.scut.edu.cn　　　E-mail：scutc13@ scut. edu. cn

营销部电话：020 - 87113487　87111048（传真）

策划编辑：谢茉莉

责任编辑：谢茉莉

印 刷 者：广东虎彩云印刷有限公司

开　　本：787mm×1092mm　1/16　印张：5.75　字数：123 千

版　　次：2015 年 7 月第 1 版　2021 年 8 月第 4 次印刷

定　　价：18.00 元

前　言

　　数值分析是对各种数学问题通过数值运算得到数值解答的方法和理论。数值分析综合实验是数值分析课程中不可缺少的部分，其目的是利用计算机进行数值实验，消化巩固所学的内容，增加对算法的可靠性、收敛性、稳定性及效率的感性认识，体会和重视算法在计算机上实验时可能出现的问题，是从实际问题→建立数学模型→选择数值计算方法→进行程序设计→执行程序计算结果的过程。学生通过选择算法、编写程序、分析数值结果、写数值实验报告等环节的综合训练，逐步掌握数值实验的方法和技巧，获得各方面的数值计算经验，从而提升其运用所学算法解决实际问题和进行理论分析的能力。

　　数值分析综合实验具有以下特点：①提供面向计算机的有效算法；②有可靠的算法理论分析；③有好的计算复杂性；④有数值实验的支撑。传统的数值分析实验课程是采用计算机高级语言编程实现，但学生却往往因为小小的语法错误，就使得程序无法继续下去，既耗费了很多机器时间，也丧失了数值实验的趣味性，学生经常对上机实验解决实际问题望而生畏。使用专门的数学软件（比如 MATLAB），将学生的注意力从编程过程转移到问题解决上，既能够有效地提高教师的教学效率，提高学生的学习兴趣和学习效果，加深学生对课程中所涉及的数学原理、方法实现的理解，为学生快速、准确地完成复杂计算提供有效的教学手段和途径；同时又可以丰富学生的学习模式和训练模式，提高学生应用所学知识、方法解决实际问题的能力，提高学生的探索效率。

　　《基于 MATLAB 数值分析综合实验指导书》是针对教学需要，在近几年的教学实践体会以及收集的各方面资料基础上汇集而成的一本实验教学指导书，希望有助于师生的教与学。本书在编写的过程中得到校、系同仁的支持，尤其是古振东、葛宇等在文字、算法校对方面的帮助。本书的出版得到学校实验教学中心的大力资助。在此对他们深表感谢！

　　由于时间匆忙，水平有限，书中难免有误，请读者批评指正！

编者

2015 年 6 月

目　录

上篇　MATLAB 入门

下篇　MATLAB 实验指导

上篇　MATLAB 入门

一、MATLAB 简介

MATLAB 全名叫 Matrix Laboratory，是矩阵实验室的意思。MATLAB 最初是由 CleveMoler 用 Fortran 语言设计的，现在的 MATLAB 是由 MathWorks 公司用 C 语言开发的。

MATLAB 的特点是容易使用、可以由多种操作系统支持、具有丰富的内部函数、具有强大的图形和符号功能、可以自动选择算法、与其他软件和语言有良好的对接性。MATLAB 是适用于科学和工程计算的数学软件系统。

1. 用户界面介绍

MATLAB 用户界面如图 1 所示，包括主菜单、主工具栏、命令窗口、命令历史窗口、工作间管理窗口、当前路径窗口、编译窗口、图形窗口、启动按钮、帮助浏览器等。下面简单介绍命令窗口，其他的内容在使用的过程中会逐渐熟悉。

命令窗口是用于输入数据、运行 MATLAB 函数和脚本并显示结果的主要工具之一，命令窗口如图 1 右边中下区域所示。

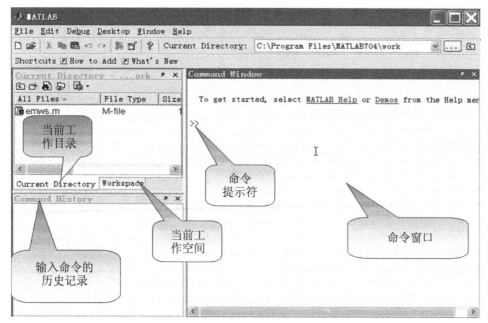

图 1　MATLAB 用户界面

2. 常量

常量是 MATLAB 语言预定义的一些变量,在默认的情况下这些变量的值为常数。下面是常用的一些常量:

- pi 表示圆周率;
- realmax 表示 MATLAB 可以表示的最大浮点数;
- Inf 表示无穷大,超过 MATLAB 可以表示的最大浮点数时,系统将视该数为无穷大;
- realmin 表示 MATLAB 可以表示的最小的正浮点数;
- eps 表示用来判断是否为 0 的误差限,一般情况下,MATLAB 函数的默认误差限为 eps;
- NaN(Not a Number)表示不定值,类似 0/0,inf/inf 所生成的结果;
- i 或 j 表示纯虚数单位。

3. 变量

变量是 MATLAB 的基本元素之一。与其他常规设计语言不同的是,MATLAB 语言不要求对所使用的变量进行事先说明,而且也不需要指定变量的类型,系统会根据该变量被赋予的值或是对该变量所进行的操作来自动确定变量的类型。

在 MATLAB 语言中,变量的命名有如下规则:

(1)变量名长度不超过 31 位,超过 31 位的字符系统将忽略不计;

(2)变量名区分大小写;

(3)变量名必须以字母开头,变量名中可以包含字母、数字或下划线。

注意:

(1)使用变量不要求事先声明;

(2)变量的作用域问题,一般视为局部变量,仅在其调用的 M 文件内有效。若要定义全局变量,应加上关键字 global,并一般用大写;

(3)在对某个变量赋值时,如果该变量已经存在,系统则会自动使用新值来代替该变量的旧值。例如在命令窗口中输入"a = 1;a = 2"命令,则会得到如下结果:

```
a =
    2
```

4. 算术运算

MATLAB 中用" + "" – "" * ""/"和"^"分别表示算术运算中的加、减、乘、除和乘方。

例如,计算 $\sqrt[6]{256} \times \left(\dfrac{1}{3}\right)^{-\frac{1}{2}} + 5^{\frac{1}{3}} \div 2^3$。

程序如下:

>>256^（1/6）＊（1/3）^（－1/2）＋5^（1/3）/2^3

ans ＝

4.5782

5. 数字的输入、运算

（1）对于简单的数字运算，可以直接在命令窗口以惯用的形式输入。

（2）当表达式较复杂或重复次数较多时，可先定义变量，然后由变量表达式计算。

（3）若用户没有对表达式设定变量，则 MATLAB 自动将当前结果给 ans 变量。

（4）% 以后的内容只起注释的作用。

（5）若不想显示中间的结果，可用 "；" 结束一行；若想再次察看，只需输入变量名。

（6）乘幂和开方运算分别由^和函数 "sqrt" 实现。

（7）数据存储和运算都以双精度进行。

6. 输出格式

MATLAB 中数值有多种显示形式：

（1）缺省情况下，若数据为整数，则以整数表示；若为实数，则以保留小数点后的 4 位浮点数表示。

（2）输出格式可由 format 控制，该命令只影响在屏幕上的显示结果，不影响在内部的存储和运算。可结合 "short"（4 位小数）、"long"（14 位小数）、"hex"（16 进制）、"bank"（2 进制）、"short e"（4 位小数的指数形式）、"long e"（14 位小数）、"rational"（分数形式）。例如在命令窗口中输入 "format long"，则以 14 位小数显示结果。

7. 用 MATLAB 编程

将一个完整的命令集合写入 M 文件便是一段 MATLAB 程序，但要注意，编程是在 MATLAB 的编辑窗口而不是命令窗口。

MATLAB 还提供了一般程序语言的基本功能。

（1）"for" 循环语句。

```
for i＝1：n
        for j＝1：m
            A(i,j)＝sin((i＋j)/(m＋n))＋B(i,j)；
        end
    end
```

循环中的步长是可以选择的。如：

```
for i＝n：－2：n/2
        A(i)＝sin(i＋n)；
```

```
        end
```

即循环控制变量从 n 开始，步长是 -2，到 $n/2$ 结束。

（2）"while" 循环语句。

与计算机的其他高级语言一样，"while" 循环语句是由关系运算和逻辑运算给出的逻辑控制，该语句的一般形式为：

```
        while(逻辑表达式)
        (一组可执行语句)
        end
```

MATLAB 中的关系运算有：

" == " 相等，" ~= " 不等；

" <= " 小于等于，" < " 小于；

" >= " 大于等于，" > " 大于。

而 MATLAB 提供的逻辑运算有：

"&" 与，" | " 或，" ~ " 非。

（3）条件语句。

```
        for i = 1:n
               for j = 1:m
                     if i == j
                           A(i,j) = 1;
                     else if (i < j)&(i > j/2)
                           A(i,j) = -1;
                     else
                           A(i,j) = 0;
                     end
               end
        end
```

注意条件语句是以 "end" 结尾的。

（4）内部函数。

MATLAB 提供了丰富的运算函数，只需正确调用其形式就可得到满意的结果，常用的运算函数如表 1 所示。

表 1　MATLAB 常用函数表

函数名	函数功能	函数名	函数功能	函数名	函数功能
sin	正弦	acosh	反双曲余弦	diff	求导
cos	余弦	atanh	反双曲正切	int	积分
tan	正切	acoth	反双曲余切	dsolve	求解微分方程
cot	余切	asech	反双曲正割	dot	向量点乘
sec	正割	acsch	反双曲余割	cross	向量叉乘
csc	余割	pow2	以 2 为底的幂函数	fix	向零方向舍入
asin	反正弦	exp	以 e 为底的幂函数	floor	向负方向舍入
acos	反余弦	log	自然对数	ceil	向正方向舍入
atan	反正切	log10	以 10 为底的对数	round	四舍五入
acot	反余切	log2	以 2 底的对数	mod	有符号求余
asec	反正割	sqrt	平方根	rem	无符号求余
acsc	反余割	lim	求极限	sign	符号函数
asinh	反双曲正弦	fsolve	求非线性方程的根	abs	绝对值

（5）用户自定义函数。

MATLAB 允许用户使用 M 文件定义函数，但必须符合一定的规则。例如下面一段程序存为 funsim. m。

> function p = funsim(x)
> % define a simple function
> p = sqrt(x) – 2 * x^3 + cos(x) ;

所给出的是函数 $\sqrt{x} - 2x^3 + \cos(x)$。另外，函数的输出可以多于一个。例如：

> function [x1 , x2] = quadroot(a , b , c)
> % solve quadratic equation ax^2 + bx + c = 0.
> ds = sqrt(b * b – 4 * a * c) ;
> x1 = (– b + ds)/2 * a ;
> x2 = (– b – ds)/2 * a ;

将它存为 quadroot. m，它给出二次方程的根。用户如此定义的函数可以与 MATLAB 内部函数同样使用。

8. 用 MATLAB 绘制图形

计算的可视化是当今科学与工程计算的主导方向之一，MATLAB 提供了许多可以选用的图形功能，简介如下：

（1）二维图形函数 plot。

它是最常用和最简单的绘图命令。

例如：

　　plot(x,y)；

将向量 x 和 y 对应元素定义的点一次用实线联接（维数必须一样）；如果 x 和 y 为矩阵，则按列依次处理。

　　plot(x1,y1,'*', x2,y2,'+')；

将向量 x_1 和 y_1 对应元素定义的点用星号"$*$"标出，将向量 x_2 和 y_2 对应元素定义的点用"$+$"标出。即 MATLAB 可以划线或者点，它提供的点和线类型如表 2 所示。

表 2　点和线对应符号

线	符号	点	符号
实线	—	实心圆点	.
虚线	– –	加号	+
点	:	星号	*
虚线间点	-.	空心圆点	○
圆圈	○	叉号	×

另外"fplot"用于画已定义函数在指定范围内的图像，它与"plot"类似，其差别在于"fplot"可以根据函数的性质自适应的选择取值点。

彩色显示在计算可视化中是十分有益和普及的。颜色在绘图中的使用方法与线形的控制方法一样，常用的颜色有蓝色（b）、黄色（y）、红色（r）、绿色（g）。

例如，plot(x,y,'—r')将 x 和 y 对应的元素定义的点依次用红色实线联接。

（2）绘图辅助函数。

利用辅助函数可以为画出的图像加上标题等内容，其功能如下：

title（'···'）：在图形的上方显示' '中所指定的内容；

xlabel（'···'）：将' '中所指定的内容标在 x 轴；

ylabel（'···'）：将' '中所指定的内容标在 y 轴；

grid：在图上显示虚线格；

text（x, y,'···'）：将' '中所指定的内容标在由 x, y 所指定的位置上；

gtext（'···'）：运行到该命令，屏幕光标位置显示符号"$+$"等待，它将' '中所指定的内容标在鼠标所指定的位置；

axis（[x1 xr y1 yr]）：其中的 4 个实数分别定义 x 和 y 方向显示的范围；

hold on：将后面 plot 的图像叠加在一起；

hold off：解除"hold on"命令。

注意上述辅助函数必须放在相应的"plot"之后。

（3）多窗口绘图函数 subplot。

该函数的形式为

　　　subplot(p,q,r)

该命令将图形窗口分成 p 行 q 列共计 $p \times q$ 个格子上画图，格子是从上到下按行一次记数的。

例如，考虑 Chebeshev 多项式，它可以用其递推公式定义如下：

$$t_0(x) = 1, \quad t_1(x) = x,$$
$$t_k(x) = 2xt_{k-1}(x) - t_{k-2}(x), \quad k = 2,3,\cdots$$

下面的程序将 $[-1,1]$ 上的前四个 Chebeshev 多项式画在一张图上。

```
%  see how hold works
>> x =    -1:0.05:1;
>> t0 = 1.0 + 0 * x; t1 = x;
>> t2 = 2 * x. * t1 - t0; t3 = 2 * x. * t2 - t1;
>> plot(x,t0); gtext('T0');
>> title('Chebeshev P');
>> xlabel('x'); ylabel('y');
>> hold on
>> plot(x,t1); gtext('T1');
>> plot(x,t2); gtext('T2');
>> plot(x,t3); gtext('T3');
>> hold off
```

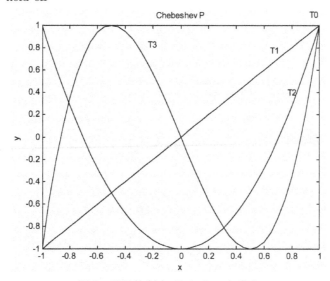

图 2　重叠绘制出 Chebeshev 多项式

得到的图形如图 2 所示。如果将上述一段命令在文件编辑窗口中依次录入，并存为"shd. m"，需要运行该程序时，只要在命令窗口输入命令"shd"即可。

而使用"subplot"，则程序为：

```
%  see how hold works Chebeshev
>> x = -1 :0. 05 :1 ;
>> t0 = 1. 0 + 0 * x ;t1 = x ;
>> t2 = 2 * x. * t1 - t0 ;t3 = 2 * x. * t2 - t1 ;
>> subplot(2,2,1) ;plot( x,t0) ;
>> title('Chebeshev T0') ;
>> xlabel('x') ;ylabel('y') ;
>> subplot(2,2,2) ;plot( x,t1) ;
>> title('Chebeshev T1') ;
>> xlabel('x') ;ylabel('y') ;
>> subplot(2,2,3) ;plot( x,t2) ;
>> title('Chebeshev T2') ;
>> xlabel('x') ;ylabel('y') ;
>> subplot(2,2,4) ;plot( x,t3) ;
>> title('Chebeshev T3') ;
>> xlabel('x') ;ylabel('y') ;
```

得到的图形输出如图 3 所示。

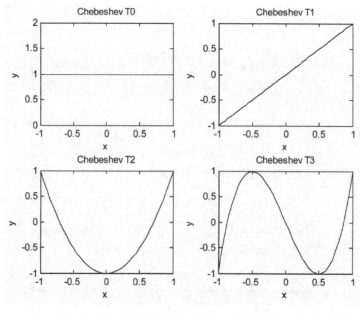

图 3　重叠绘制出 Chebeshev 多项式

（4）三维图形函数。

三维的立体图形在 MATLAB 中形成也不难。例如对于函数

$$f(x,y) = \frac{\sin(\sqrt{x^2 + y^2})}{\sqrt{x^2 + y^2}}$$

下面的程序画出该函数在区域 (x,y) 上的三维图形，如图 4 所示。

```
[x,y] = meshgrid( -18:1:18);
z = sin( sqrt( x.^2 + y.^2)) ./ ( sqrt( x.^2 + y.^2 + eps));
mesh( x,y,z)
```

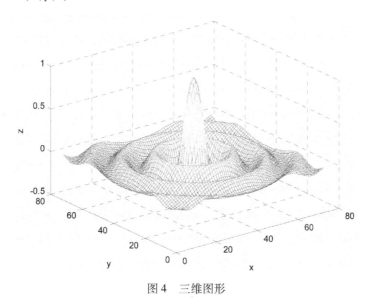

图 4   三维图形

二、数值分析中的常用命令

数值分析主要研究数学问题的数值解，涉及的内容包括代数、微积分、微分方程等。利用 MATLAB 提供的函数，可以实现以下问题的数值求解。

1. 求解线性方程组

线性方程组的解法很多，主要介绍几种常用的方法。

（1）基于矩阵变换的直接解法。

使用"\"或"/"运算符，可以基于一系列矩阵变换直接求解线性方程组。

例如，求解方程组 $Ax = b$。

编制程序如下：

```
>> A = [2,1, -5,1;1, -3,0, -6;0,2, -1,2;1,4, -7,6];
>> b = [8,9, -5,0]';
>> x = A\b
```

```
x =
    3.0000
   -4.0000
   -1.0000
    1.0000
```

linsolve（A，b）：解线性方程组 $Ax = b$。

例如，求解方程组 $Ax = b$。

编制程序如下：

```
>> A = [2,1, -5,1;1, -3,0, -6;0,2, -1,2;1,4, -7,6];
>> b = [8,9, -5,0]';
>> x = linsolve(A,b)
x =
    3.0000
   -4.0000
   -1.0000
    1.0000
```

（2）迭代法。

迭代法有多种，如 Jocabi 迭代法、Gauss - Seidel 迭代法、SOR（逐次超松弛）迭代法等，需要根据算法编写相应的 M 文件来实现。

2. 求矩阵的特征值和特征向量

用 eig 或 eigs 函数求矩阵的特征值和特征向量。

例如，求矩阵 $A = \begin{bmatrix} 1 & 2 & 0 \\ 2 & 5 & -1 \\ 4 & 10 & -1 \end{bmatrix}$ 的特征值和特征向量。

编制程序如下：

```
>> A = [1 2 0;2 5 -1;4 10 -1];
>> [b,c] = eig(A)
b =
   -0.2440   -0.9107    0.4472
   -0.3333    0.3333    0.0000
   -0.9107   -0.2440    0.8944
c =
    3.7321         0         0
         0    0.2679         0
         0         0    1.0000
```

其中 b 和 c 矩阵分别为特征向量矩阵和特征值矩阵。

3. 求解一元非线性方程

（1）用 fzero 函数求一元非线性方程的零点。该函数的调用格式为：

x = fzero（fun，x0）：如果 x0 为标量，则试图寻找函数 fun 在 x0 附近的零点。

例如，求解方程 $x^3 - 4x + 5 = 0$。

编制程序如下：

```
>> f = @(x)x.^3 - 4 * x + 5;
>> z = fzero(f,1)
z =
    -2.4567
```

（2）用 roots 函数计算多项式的根，该函数的调用格式为：

r = roots（c）：返回一个列矢量，其元素为多项式 c 的解。

例如，求解方程 $x^3 - 4x + 5 = 0$。

编制程序如下：

```
>> p = [1,0,-4,5];（用行矢量表示多项式）
>> r = roots(p)

r =
    -2.4567
    1.2283 + 0.7256i
    1.2283 - 0.7256i
```

（3）Newton（牛顿）法需要编写 M 文件来实现。

非线性方程组的求解一般采用迭代法求解，主要有不动点迭代法、Newton 迭代法和拟 Newton 迭代法，需要编程实现。

4. 插值

（1）一维线性插值

函数的调用格式为：

yi = interp1（x,y,xi,'method'）

功能：对一组点（x，y）进行插值，计算 xi 的值。xi，yi 可以是矩阵。

method 的取值可以是：

➤ Nearest（线性最近项插值）；

➤ Linear（线性插值，默认值）；

➤ Spline（三次样条插值）；

➤ Cubic（三次插值）。

例如:

>> x = [0.4:0.1:0.8];

>> y = [- 0.916291, - 0.693147, - 0.510826, - 0.356675, - 0.223144];

>> interp1(x,y,0.54,'cubic')

ans =

-0.61610990887357

>> interp1(x,y,[0.54 0.54],'nearest')

ans =

-0.69314700000000   -0.69314700000000

(2) 二维线性插值。

函数的调用格式为:

zi = interp2(x,y,z,xi,yi'method')

功能:对一组点 (x, y, z) 进行插值,计算 (x_i, y_i) 的值。x_i, y_i 可以是矩阵,method 的取值同上。

(3) 三维线性插值。

函数的调用格式为:

vi = interp3(x,y,z,v,xi,yi,zi'method')

功能:对一组点 (x, y, z, v) 进行插值,计算 (x_i, y_i, z_i) 的值。x_i, y_i, z_i 可以是矩阵,method 的取值同上。

(4) 三次样条插值。

函数的调用格式为:

yi = spline(x,y,xi)

功能:消除高阶多项式的插值产生的病态。等同于 yi = interp1(x,y,xi, 'spline')

例如:

>> x = [0.4:0.1:0.8];

>> y = [- 0.916291, - 0.693147, - 0.510826, - 0.356675, - 0.223144];

>> yi = spline(x,y,0.5)

yiz =

-0.6931

5. 曲线拟合

函数的调用格式为:

p = ployfit(x,y,n)

功能:利用离散的点来生成一条连续的曲线。已知一组数据 (x_i, y_i),从中

找出自变量 x 与因变量 y 之间的函数关系 $y = f(x)$。它不要求 $y = f(x)$ 在每个点上都完全相等，只要求在给定点 x_i 上使误差 $\sum [f(x_i) - y_i]^2$ 最小。

例如：

```
>> x = [1 3 4 5 6 7 8 9 10];
>> y = [10 5 4 2 1 1 2 3 4];
>> [p,s] = polyfit(x,y,4);
>> y1 = polyval(p,x);
>> plot(x,y,'go',x,y1,'b--')
```

6. 数值积分

（1）定积分。

➤ 用 trapz 函数进行梯形数值求积。

例如，计算 $\int_0^\pi \sin x\,\mathrm{d}x$。

代码清单如下：

```
>> X = 0:pi/100:pi;
>> Y = sin(X);
>> Z = trapz(X,Y)
Z =
      1.9998
```

➤ 用 quad 和 quad8 函数进行自适应递归 Simpson 求积。

例如，计算 $\int_0^2 \dfrac{1}{x^3 - 2x - 5}\,\mathrm{d}x$。

首先编写函数的 M 文件 myfun.m，程序如下：

```
function y = myfun(x)
y = 1. / (x.^3 - 2 * x - 5);
```

然后在命令窗口输入：

```
>> Q = quad(@ myfun,0,2)
Q =
     -0.4605
```

➤ Gauss 求积和 Romberg 求积需要编程序来实现。

（2）二重积分。

用 dblquad 函数对二重积分进行数值计算，该函数语法格式为：

```
q = dblquad(fun,xmin,xmax,ymin,ymax)
q = dblquad(fun,xmin,xmax,ymin,ymax,tol)
q = dblquad(fun,xmin,xmax,ymin,ymax,tol,method)
```

例如，计算 $\int_0^{\pi} \int_{\pi}^{2\pi} (y\sin(x) + x\cos(y)) \mathrm{d}x\mathrm{d}y$ 。

首先编写函数的 M 文件 integrnd. m，程序如下：

```
function z = integrnd(x,y)
z = y * sin(x) + x * cos(y);
```

然后在命令窗口输入：

```
>> Q = dblquad(@ integrnd,pi,2 * pi,0,pi)
Q =
     -9.8696
```

（3）三重积分。

用 triplequad 函数对三重积分进行数值计算，该函数语法格式为：

```
q = triplequad (fun,xmin,xmax,ymin,ymax,zmin,zmax)
q = triplequad (fun,xmin,xmax,ymin,ymax, zmin,zmax,tol)
q = triplequad (fun,xmin,xmax,ymin,ymax,zmin,zmax,tol,method)
```

例如，计算 $\int_{-1}^{1} \int_0^1 \int_0^{\pi} (y\sin(x) + z\cos(y)) \mathrm{d}x\mathrm{d}y\mathrm{d}z$ 。

首先编写函数的 M 文件 integrnd. m，程序如下：

```
function u = integrnd(x,y)
u = y * sin(x) + z * cos(y);
```

然后在命令窗口输入：

```
>> Q = triplequad(@ integrnd,0,pi,0,1, -1,1)
Q =
     2.0000
```

7. 求解微分方程

用 dsolve 命令可以求出微分方程的解，该函数的调用格式为：

```
r = dsolve('eq1,eq2,…' 'cond1,cond2,...','v')
```

例如，求解微分方程 $\dfrac{\mathrm{d}y}{\mathrm{d}x} = 1 + y^2$

代码清单如下：

```
>> dsolve('Dy = 1 + y^2')
ans =
tan(t + C1)
```

若指定初始条件 $y|_{x=0} = 1$

```
>> y = dsolve('Dy = 1 + y^2','y(0) = 1')
>>y =
tan(pi /4 + t)
```

8. 求多项式的导函数

① $p = \text{polyder}(p)$：求多项式 p 的导函数。

② $p = \text{polyder}(p, q)$：求 $p * q$ 的导函数。

③ $[p, q] = \text{polyder}(p, q)$：求 $\dfrac{p}{q}$ 的导函数，导函数的分子存入 p 中，分母存入 q 中。

例如，求有理分式的导数 $f(x) = \dfrac{1}{x^2 + 5}$。

程序如下：

```
>> p = [1];
>> q = [1,0,5];
>> [p,q] = polyder(p,q)

p =
      -2      0
q =
       1      0      10      0      25
```

结果表明：$f'(x) = \dfrac{2x}{x^4 + 10x^2 + 25}$。

下篇　MATLAB 实验指导

实验一　误差分析与估计

实验名称：

误差传播与算法稳定性。

实验目的：

体会稳定性在选择算法中的地位。误差扩张的算法是不稳定的，是我们所不期望的；误差衰竭的算法是稳定的，是我们努力寻求的，这是贯穿本课程的目标。

实验内容：

计算 $E_n = \int_0^1 x^n \mathrm{e}^{x-1}\mathrm{d}x$，$n = 0,1,2,\cdots$，并估计误差。

算法一：$E_0 = 1 - \dfrac{1}{\mathrm{e}} \approx 0.6321$，$E_n = 1 - nE_{n-1}, n = 1,2,\cdots$

算法二：$E_N = 0, E_{n-1} = \dfrac{1-E_n}{n}$，$n = N, N-1, \cdots, 3, 2, 1$

实验要求：

（1）分别用算法一、算法二采用 6 位有效数字计算 E_n，请判断哪种算法能给出更精确的结果。

（2）请从理论上证明你实验得出的结果，解释实验的结果。设算法一中 E_1 的计算误差为 e_1，由 E_1 递推计算到 E_n 的误差为 e_n；算法二中 E_N 的计算误差为 ε_N，由 E_N 向前递推计算到 E_n（$n < N$）的误差为 ε_n。如果在上述两种算法中都假定后面的计算不再引入其他误差，试给出 e_n 与 e_1 的关系和 ε_n 与 ε_N 关系。

（3）算法一中通常 e_1 会很小，当 n 增大时，e_n 的变化趋势如何？算法二中 ε_N 通常相对比较大，当 n 减小时，误差 ε_n 又是如何传播的？即比较两个算法，当某一步产生误差后，该误差对后面的影响是衰减还是扩张的。

（4）通过理论分析与计算实验，针对两个算法的稳定性，给出你的结论。

解：（1）算法描述。

由 $E_n = \mathrm{e}^{-1} \int_0^1 x^n \mathrm{e}^x \mathrm{d}x = \mathrm{e}^{-1} \int_0^1 x^n \mathrm{d}\mathrm{e}^x$

$\qquad = \mathrm{e}^{-1} \left(x^n \mathrm{e}^x \big|_0^1 - \int_0^1 \mathrm{e}^x \mathrm{d}x^n \right)$

$$= e^{-1} \left(e - n \int_0^1 e^x x^{n-1} dx \right)$$

$$= 1 - n e^{-1} \int_0^1 e^x x^{n-1} dx$$

$$= 1 - n E_{n-1}$$

可得递推关系式：

$$E_n = 1 - n E_{n-1}, \text{显然 } E_0 = 1 - \frac{1}{e} \approx 0.632100, n = 1, 2, \cdots \quad (1)$$

$$E_{n-1} = \frac{1}{n}(1 - E_n) \quad (2)$$

事实上，由积分估值可知：

$$\frac{e^{-1}}{n+1} = e^{-1}(\min_{0 \le x \le 1} e^x) \int_0^1 x^n dx < E_n < e^{-1}(\max_{0 \le x \le 1} e^x) \int_0^1 x^n dx = \frac{1}{n+1},$$

取 $n = 9$，得 $\frac{e^{-1}}{10} < E_9 < \frac{1}{10}$，不妨取 $E_9 \approx \frac{1}{2}\left(\frac{1}{10} + \frac{e^{-1}}{10}\right) = 0.068400 = E_9^*$。由递推关系式（2）可算出 $E_8^*, \cdots, E_0^*$。

（2）算法清单。

算法一：

```
clc;    % 清屏
digits(6);    % 设置六位有效数字
E(0) = 0.6321;
for n = 1:1:9
    E(n) = 1 - n * E(n - 1);
end
fprintf('%0.6f\n', E)
```

算法二：

```
clc;
digits(6);
E(9) = 0.06840;
for n = 9: -1:1
    E(n - 1) = (1 - E(n))/n;
end
fprintf('%0.6f\n', E)
```

（3）实验结果。

计算结果如下：

n	$\tilde{E}_n(1)$	$E_n^*(2)$
0	0.632100	0.632121
1	0.367900	0.367879
2	0.264200	0.264241
3	0.207400	0.207276
4	0.170400	0.170895
5	0.148000	0.145524
6	0.112000	0.126856
7	0.216000	0.112011
8	-0.728000	0.103511
9	7.552000	0.068400

注：$\tilde{E}_n(1)$、$E_n^*(2)$ 分别表示利用算法一和算法二计算原积分第 n 步的结果。

（4）实验结果分析。

由递推关系式（1）知当 $E_0 = 1 - \dfrac{1}{e} \approx 0.632100$ 时，E_n 应当为精确解，递推关系式的每一步都没有误差的取舍，计算结果 $\tilde{E}_5 = 0.148000 < 0.170400 = \tilde{E}_4$，但 $\tilde{E}_8$ 出现负值，与所有的 $E_n > 0$ 矛盾。由此看出，当 n 较大时，用递推关系式（1）中的 $\tilde{E}_n$ 近似 E_n 是不正确的。主要原因是假设初值有误差 $e(\tilde{E}_0)$，由递推关系式（1）知误差 $e(\tilde{E}_n) = -10e(\tilde{E}_{n-1})$，则有

$$e(\tilde{E}_n) = -10e(\tilde{E}_{n-1}) = -100e(\tilde{E}_{n-2}) = (-10)^n e(\tilde{E}_0)$$

误差 $e(\tilde{E}_n)$ 随着 n 的增大而迅速增加，增加到 $e(\tilde{E}_0)$ 的 $(-10)^n$ 倍。由此可见，递推公式计算的误差不仅取决于初值的误差、公式的精确性，还依赖于误差的传递即递推计算的稳定性。也就是说，尽管初值 $E_0 = 0.632100$ 是相当精确的，由于递推关系式（1）的误差传播是逐步扩大的，因而计算结果不可靠，是数值不稳定的算法。

由递推关系式（2）容易算得估计值 $E_9^* \approx 0.068400$，其并不精确。但由误差 $e(E_{n-1}^*) = -\dfrac{1}{10}e(E_n^*)$ 得 $e(E_0^*) = \left(-\dfrac{1}{10}\right)^n e(E_n^*)$ 可知，误差 $e(E_0^*)$ 随递推公式逐步缩小，故可用 E_n^* 近似 E_n，递推关系式（2）是数值稳定的算法。

综上所述，在递推计算中，数值计算方法是非常重要的，误差估计、误差传播及递推计算的稳定性都会直接影响递推结果。

实验二　插值法和拟合实验

（综合性实验）

一、龙格现象的发生与防止，插值效果的比较

实验目的：

观察拉格朗日插值的龙格（Runge）现象，探索避免此现象发生的方法，比较不同方法的插值效果。

实验内容：

将区间 $[-5,5]$ 作 10 等分，计算函数 $y = \dfrac{5}{1+x^2}$ 在每个结点 x_k 的值，做出插值函数的图形并与 $y = f(x)$ 的图形比较。

实验要求：

（1）对函数作拉格朗日插值。在 MATLAB 中用内部函数 plot 利用插值点绘制函数的图形。

（2）对函数作牛顿插值。在 MATLAB 中用内部函数 plot 利用插值点绘制函数的图形。

（3）对函数作分段线性插值。在 MATLAB 中用内部函数 plot 利用插值点绘制函数的图形。

（4）对函数作三次样条插值。在 MATLAB 中用内部函数 plot 利用插值点绘制函数的图形。

（5）在 MATLAB 中用内部函数 ezplot 直接绘制函数的图形，并与以上方法做出的插值函数的图形进行比较（自编程序，用不同颜色、不同结点符号将（1）～（5）的结果画在一张图上）。

解：

（1）对函数作拉格朗日插值的程序及图像。

```
function[C,L] = lagran(x,y)
% x 是差值节点横坐标向量;y 是插值节点纵坐标向量;C 是拉格朗日插值
多项式的系数矩阵;L 是插值基函数系数矩阵
w = length(x);
n = w - 1;
L = zeros(w,w);
for k = 1:n + 1;
    V = 1;
    for j = 1:n + 1;
```

```
        if k ~= j
            V = conv( V, poly( x( j ) )/( x( k ) - x( j ) ) );
        end
    end
    L( k, : ) = V;
end
C = y * L
clear all
clc
clf
x = -5:1:5;
y = 5. /( 1 + x. ^2 );
[ C, L ] = lagran( x, y );
xx = -5:0. 1:5;          %插值节点加密后节点的横坐标
yy = polyval( C, xx );   %插值节点加密后节点的纵坐标
hold on
plot( xx, yy, 'b', x, y, '. ' )
xp = -5:0. 01:5;         %原函数点的横坐标
z = 5. /( 1 + xp. ^2 );   %原函数点的纵坐标
plot( xp, z, 'r' )
grid on
legend( 'lagran', '插值节点', '原函数' )
```

运行结果如图2.1所示:

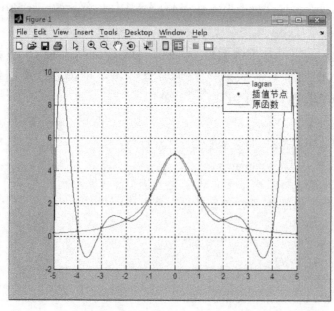

图2.1　10等分的拉格朗日插值多项式曲线与函数 $y = \dfrac{5}{1 + x^2}$ 的曲线

注意：并不是插值节点越多，插值多项式的逼近效果就越好；误差较大的地方，是在插值区间两端点附近。

（2）对函数作牛顿插值的程序及图像。

```
function [C,D] = newpoly(x,y)
% 输入:x 为插值节点的横坐标;y 为插值节点对应纵坐标
% 输出:C 是牛顿插值多项式系数向量;D 是计算差商的矩阵
n = length(x);        % 节点的个数
D = zeros(n,n)        % n * n 的零矩阵
D(:,1) = y'           % D 的第一列 y(节点对应的函数值向量)
for j = 2:n
    for k = j:n
        D(k,j) = (D(k,j-1) - D(k-1,j-1))/(x(k) - y(k-j+1));
    end
end
C = D(n,n);
for k = (n-1:-1:1)
    C = conv(C,poly(x(k)))    % 计算插值多项式的系数
    m = length(C);
    C(m) = C(m) + D(k,k);
end
clear all
clc
clf
x = -5:1:5;
y = 5./(1 + x.^2);
[C,D] = newpoly(x,y)
xx = -5:0.1:5;          % 插值节点加密后节点的横坐标
yy = polyval(C,xx);     % 插值节点加密后节点的纵坐标
plot(xx,yy,'b',x,y,'g*')
hold on
xp = -5:0.01:5          % 原函数点的横坐标
z = 5./(1 + xp.^2)      % 原函数点的纵坐标
plot(xp,z,'r')
legend('牛顿','插值节点','原函数')
grid on
```

运行结果如图 2.2 所示：

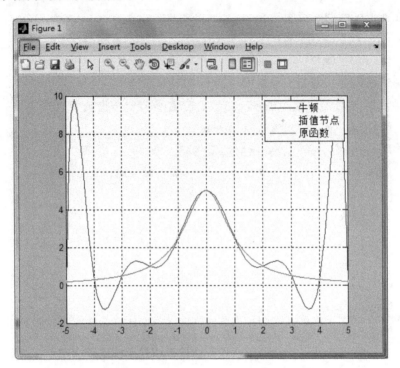

图 2.2　10 等分的牛顿插值多项式曲线与函数 $y = \dfrac{5}{1 + x^2}$ 的曲线

（3）对函数作分段线性插值程序及图像。

```
function y = div_linear(x0,y0,x,n)
for j = 1:length(x)
for i = 1:n-1
    if (x >= x0(i)) && (x <= x0(i+1))
        y = (x - x0(i+1))/(x0(i) - x0(i+1)) * y0(i) + (x - x0(i))/
(x0(i+1) - x0(i)) * y0(i+1);
    else
        continue;
    end
  end
function y = f(x)          % 原函数公式
y = 5./(x.^2 +1);

x0 = -5:1:5;              % 插值节点
w = length(x0);          % 插值区间长度
```

```
n = w - 1;                    % 节点的个数
for x = -5:0.01:5             % 加密插值节点
    y = div_linear(x0,f(x0),x,n);        % 分段插值后点的纵坐标
hold on;
plot(x,y,'r');
    plot(x,f(x),'b');
end
```

运行结果如图 2.3 所示：

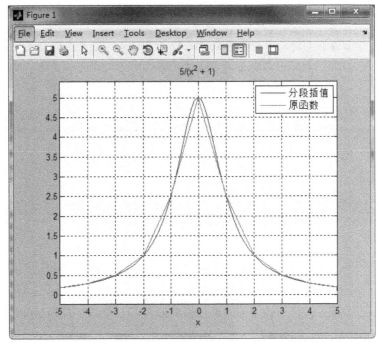

图 2.3　10 等分的分段插值多项式曲线与函数 $y = \dfrac{5}{1 + x^2}$ 的曲线

（4）对函数作三次样条插值程序及图像。

```
% X 为一阶导数的横坐标向量
% Y 为一阶导数的纵坐标向量
% dx0 及 dxn 为导数边界条件
function S = csfit(X,Y,dx0,dxn)
N = length(X) - 1;
H = diff(X);
D = diff(Y)./H;
A = H(2:N-1);
```

```
%边界约束
B = 2 * (H(1:N - 1) + H(2:N));
C = H(2:N);
U = 6 * diff(D);
B(1) = B(1) - H(1)/2;
U(1) = U(1) - 3 * (D(1));
B(N - 1) = B(N - 1) - H(N)/2;
U(N - 1) = U(N - 1) - 3 * (-D(N));
for k = 2:N - 1
    temp = A(k - 1)/B(k - 1);
    B(k) = B(k) - temp * C(k - 1);
    U(k) = U(k) - temp * U(k - 1);
end
M(N) = U(N - 1)/B(N - 1);
for k = N - 2: -1:1
    M(k + 1) = (U(k) - C(k) * M(k + 2))/B(k);
end
M(1) = 3 * (D(1) - dx0)/H(1) - M(2)/2;
M(N + 1) = 3 * (dxn - D(N))/H(N) - M(N)/2;
for k = 0:N - 1
    S(k + 1,1) = (M(k + 2) - M(k + 1))/(6 * H(k + 1));
    S(k + 1,2) = M(k + 1)/2;
    S(k + 1,3) = D(k + 1) - H(k + 1) * (2 * M(k + 1) + M(k + 2))/6;
    S(k + 1,4) = Y(k + 1);
end

clear all

clc
clf
x = -5:1:5;
y = 5./(1 + x.^2);
X = -5:1:5;
Y = y;
dx0 = 0.07396449704142;
```

```
dxn = -0.07396449704142;
S = csfit(X,Y,dx0,dxn)
x1 = -5:0.01: -4;
y1 = polyval(S(1,:),x1 - X(1));
x2 = -4:0.01: -3;
y2 = polyval(S(2,:),x2 - X(2));
x3 = -3:0.01: -2;
y3 = polyval(S(3,:),x3 - X(3));
x4 = -2:0.01: -1;
y4 = polyval(S(4,:),x4 - X(4));
x5 = -1:0.01:0;
y5 = polyval(S(5,:),x5 - X(5));
x6 = 0:0.01:1;
y6 = polyval(S(6,:),x6 - X(6));
x7 = 1:0.01:2;
y7 = polyval(S(7,:),x7 - X(7));
x8 = 2:0.01:3;
y8 = polyval(S(8,:),x8 - X(8));
x9 = 3:0.01:4;
y9 = polyval(S(9,:),x9 - X(9));
x10 = 4:0.01:5;
y10 = polyval(S(10,:),x10 - X(10));
subplot(2,1,1);
plot(x1,y1,x2,y2,x3,y3,x4,y4,x5,y5,x6,y6,x7,y7,x8,y8,x9,y9,x10,
y10,X,Y,'*')
grid on
legend('样条插值')

x = -5:0.01:5;
y = 1./(1 + x.^2);
subplot(2,1,2);
plot(x,y,'r')
grid on
legend('原函数')
```

运行结果如图 2.4 所示：

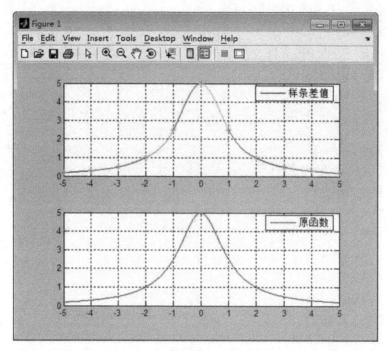

图 2.4 10 等分的三次样条插值多项式曲线与函数 $y = \dfrac{5}{1 + x^2}$ 的曲线

（5）四种插值方法与原函数曲线的对比效果运行清单和运行结果。

```
clc;
x = -5:1:5;
y = 5./(1 + x.^2);
[c,l] = lagran(x,y);
[m,d] = newpoly(x,y);
xx = -5:0.1:5;
yy = 5./(1 + xx.^2);
y1 = polyval(c,xx);
y2 = interp1(x,y,xx,'linear');%分段线性插值
y3 = interp1(x,y,xx,'spline');%三次样条插值
y4 = polyval(m,xx);
hold on
plot(xx,y1,'m',x,y,'*');%画出拉格朗日插值图像
plot(xx,yy,'r');%使用 matlab 内部函数画出图像
plot(xx,y2,'b');%画出分段线性插值图像
plot(xx,y3,'y');%画出三次样条插值图像
```

plot(xx,y4,'k');%画出牛顿插值图像

legend('拉格朗日插值','数据点','原函数图像','分段线性插值','三次样条插值','牛顿插值');

运行结果如图 2.5 所示:

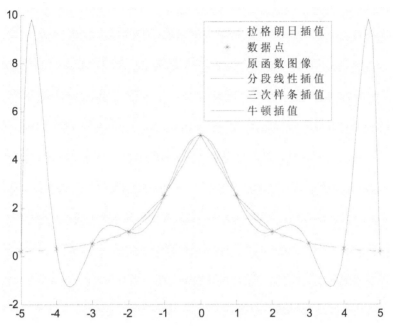

图 2.5　10 等分的 4 种插值多项式曲线与函数 $y = \dfrac{5}{1 + x^2}$ 的曲线对比

从图 2.5 可以明显看出,三次样条插值曲线最接近原函数图像,也最光滑。

二、估计某地居民的用水速度和每天的总用水量

实验目的:

学会用最小二乘法求拟合数据的多项式,并应用算法于实际问题。

实验内容:

某用水管理机构需要估计公众的用水速度(单位:G/h)和每天总用水量。许多供水单位由于没有测量流入或流出水流量的设备,而只能测量水箱中的水位(误差≤5%),当水箱水位低于最低水位 L 时,水泵开始将水灌入水箱,直至水位达到最高水位 H 为止,但是依然无法测量水泵灌水量。因此,在水泵工作时无法立即将水箱中的水位与水量联系起来。水泵一天灌水 1 ~ 2 次,每次约 2 小时。试估计在任一时刻 t(包括水泵灌水期间)流出水箱的流量 $f(t)$,并估计一天的总用水量。

表 3 给出了某小区某一天的真实用水数据,水箱是直径 57E、高 40E 的正圆柱

体，当水位落到 27E 以下，水泵自动启动把水灌入水箱，当水位回升至 35.5E 时，水泵停止工作。

表3　某小区某一天的真实用水数据

时间/s	水位/10^{-2}E	时间/s	水位/ 10^{-2}E
0	3175	46636	3350
3316	3110	49953	3260
6635	3054	53936	3167
10619	2994	57254	3087
13937	2947	60574	3012
17921	2892	64554	2927
21240	2850	68535	2842
25202	2795	71854	2767
28543	2752	75021	2697
32284	2697	79254	泵水
35932	泵水	82649	泵水
39332	泵水	85968	3475
39435	3550	89953	3397
43318	3445	93270	3340

实验要求：

（1）用最小二乘法求以上数据的拟合多项式 $f(t)$，并做出 $f(t)$ 的图形。

（2）根据题目要求，估计一天的总用水量。

解： 记 V 表示水的容积；V_i 表示时刻 t_i（单位：h）水的容积；$f(t)$ 表示流出水箱的水的流速（单位；G/h），它是时间的函数；p 表示水泵的灌水速度（G/h）。

（1）首先，统一表 3 中数据的量纲。时间 t：小时（h）；水位：容积 $V(V = \pi r^2 h$，单位：10^3G，$1E^3 = 7.481$G）。

运行代码：

```
clear;clc;
t = [0,3316,6635,10619,13937,17921,21240,25223,...
    28543,32284,35932,39332,39435,43318,46636,...
    49953,53936,57254,60574,64554,68535,71854,...
    75021,79254,82649,85968,89953,93270]/3600;
v = pi * (57/2)^2 * [3175,3110,3054,2994,2947,2892,...
2850,2795,2752,2697,0,0,3550,...
3445,3350,3260,3167,3087,3012,...
```

2927,2842,2767,2697,0,0,3475,3397,…

3340]*10^(-2)*7.481/10^3

运行结果如表4所示。

表4 用水时间与用水量的关系

时间/h	水量/10^3G	时间/h	水量/10^3G
0	606.0982	12.9544	639.5052
0.9211	593.6899	13.8758	633.3244
1.8431	582.9996	14.9822	604.5710
2.9497	571.5458	15.9039	589.2992
3.8714	562.5736	16.8261	574.9820
4.9781	552.0743	17.9317	558.7557
5.9000	544.0566	19.0375	542.5295
7.0064	533.5573	19.9594	528.2122
7.9286	525.3487	20.8392	514.8494
8.9678	512.8494	22.0150	No data
9.9811	No data	22.9581	No data
10.9256	No data	23.8800	663.3673
10.9542	677.6846	24.9869	648.4773
12.0328	657.6404	25.9083	637.5962

然后，根据表4数据计算水的平均流速（s），计算公式如下：

平均流速 = （区间左端点的水量 - 区间右端点的水量）/ 时间区间长度

运行代码：

```
clear;clc;
double v;        %容积的双精度
double s;        %平均流速的双精度
t = [0,3316,6635,10619,13937,17921,21240,25223,…
    28543,32284,35932,39332,39435,43318,46636,…
    49953,53936,57254,60574,64554,68535,71854,…
    75021,79254,82649,85968,89953,93270]/3600;
v = pi*(57/2)^2*[3175,3110,3054,2994,2947,2892,…
        2850,2795,2752,2697,0,0,3550,…
        3445,3350,3260,3167,3087,3012,…
```

$$2927,2842,2767,2697,0,0,3475,3397,\cdots$$
$$3340] * 10\hat{\,}(-2) * 7.481/10\hat{\,}3$$

```
for i = 1:1:27
    t1(i) = (t(i + 1) + t(i))/2;      % t1 为时间区间的中点值
end
t1
for i = 1:1:27
    s(i) = (v(i) - v(i + 1))/(t(i + 1) - t(i));      % s 为水流的平均速度
end
vpa(s)
```

运行结果如表 5 所示。

表 5   用水时间与水流速度的关系

时间区间的中点值/h	平均水流/10^3 G/h	时间区间的中点值/h	平均水流/10^3 G/h
0.4606	13.4710	13.4151	18.6466
1.3821	11.5953	14.4290	16.0463
2.3964	10.3498	15.4431	16.5697
3.4106	9.7347	16.3650	15.5248
4.4247	9.4874	17.3789	14.6770
5.4390	8.6965	18.4846	14.6733
6.4532	9.4897	19.4985	15.5294
7.4675	8.9007	20.3993	15.1898
8.4482	10.1036	21.4271	No data
9.4744	No data	22.4865	No data
10.4533	No data	23.4190	No data
10.9399	No data	24.4335	13.4514
11.4935	18.5833	25.4476	11.8095
12.4936	19.6766		

接下来，根据表 5 画出用水时间与水流速度的散点图。

运行代码：

t1 = [0.4606 1.3821 2.3964 3.4106 4.4247 5.4390 6.4532 7.4675 8.4482
11.4935 12.4936 13.4151 14.4290 15.4431 16.3650 17.3789 18.4846 19.4985
20.3993 24.4335 25.4476]

s = [13.4710 11.5953 10.3498 9.7347 9.4874 8.6965 9.4897 8.9007

10. 1036 18. 5833 19. 6766 18. 6466 16. 0463 16. 5697 15. 5248 14. 6770 14. 6733
15. 5294 15. 1898 13. 4514 11. 8095]

　　plot(t, s, ′ * ′)

输出结果如图 2.6 所示:

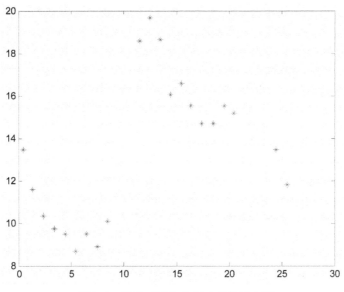

图 2.6　用水时间与水流速度的散点图

最后, 利用最小二乘法对上述散点进行拟合, 程序清单为:

```
clc, clear
close all
t1 = [ 0 3316 6635 10619 13937 17921 21240 25202 28543 32284 ];
t2 = [ 39435 43318 46636 49953 53936 57254 60574 64554 68535 71854
75021 ];
t3 = [ 85968 89953 93270 ];
w1 = [ 3175 3110 3054 2994 2947 2892 2850 2795 2752 2697 ];
w2 = [ 3550 3445 3350 3260 3167 3087 3012 2927 2842 2767 2697 ];
w3 = [ 3475 3397 3340 ];
plot( [ t1, t2, t3 ], [ w1, w2, w3 ], ′ * ′ );
title( ′该小区某天水流量拟合图′ );
xlabel( ′时间/s′ ); ylabel( ′水流量/10^ - 2E′ );
t = [ t1( 2 : end ) t2( 2 : end ) t3( 2 : end ) ];
f = abs( [ diff( w1 ). /diff( t1 ) diff( w2 ). /diff( t2 ) diff( w3 ). /diff( t3 ) ] );
figure
```

```matlab
plot(t,f,'ro',t,f);
title('该小区某天水流量拟合图');
xlabel('时间/s');ylabel('水流量/10^-2E/s');
% 利用 polyfit 进行曲线拟合
[a3,b3] = polyfit(t,f,3);
[a4,b4] = polyfit(t,f,4);
[a5,b5] = polyfit(t,f,5);
[a8,b8] = polyfit(t,f,8);
% 利用 polyval 求解多项式系数
tt = 0:1:t(end);
ff3 = polyval(a3,tt);
ff4 = polyval(a4,tt);
ff5 = polyval(a5,tt);
ff8 = polyval(a8,tt);
figure
plot(t,f,'o');
hold on;
plot(tt,ff3,'r--');
hold on;
plot(tt,ff4,'--');
hold on;
plot(tt,ff5,'k--');
hold on;
plot(tt,ff5,'g--');
title('该小区某天水流量拟合图');
xlabel('时间/s');ylabel('水流量/10^-2E/s');
legend('实际水位','3 次拟合','4 次拟合','5 次拟合','8 次拟合');

figure
plot(t,f,'r*');
hold on;
plot(tt,ff8,'--');
title('该小区某天水流量拟合图');
xlabel('时间/s');ylabel('水流量/10^-2E/s');
```

trapz$([0{:}1{:}86400]$,polyval$(a4,[0{:}1{:}86400]))$

经过多次拟合可以观察到，与散点图吻合程度较好的是拟合8次的图像，如图2.7所示。

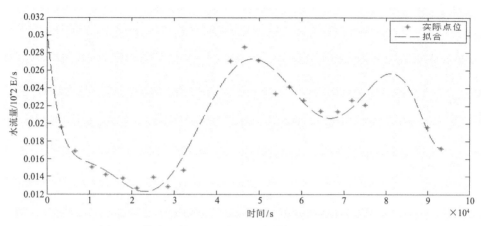

图 2.7　某小区某一天的真实用水数据的拟合 8 次的图像

拟合 8 次后多项式的系数如下：
$$[0.00024547 \quad -0.0248438 \quad 1.01085 \quad -21.1138 \quad 240.101$$
$$-1468.79 \quad 4690.62 \quad -7839.96 \quad 16281.4]$$

这样，拟合多项式为：
$$f(t) = 0.00024547t^8 - 0.0248438t^7 + 1.01085t^6 - 21.1138t^5 +$$
$$240.101t^4 - 1468.79t^3 + 4690.62t^2 - 7839.96t + 16281.4$$

另外，我们还可以调用 MATLAB 曲线拟合工具箱，得到上述拟合图像及拟合多项式。通过试验可知拟合 8 次的效果最佳（见图 2.8）。

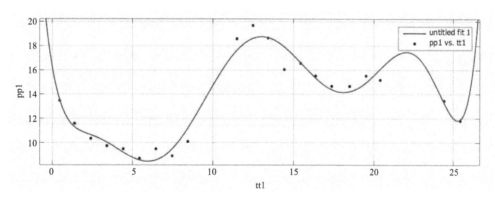

图 2.8　利用拟合工具箱得到的某小区某一天的真实用水数据的拟合 8 次的图像

（其中取参数 $R^2 = 0.9590$，$SSE = 9.7671$）

（2）将 $t = 0.460556\mathrm{h}$ 和 $t = 24.460556\mathrm{h}$ 代入水的流速拟合函数 $f(t)$ 中，得到

这两个时刻的流速分别近似为 13532. 5G/h 和 13196. 1G/h，仅仅相差 2. 48587%，从而可以认为 $f(t)$ 能近似表达一天的用水流量。于是可以认为，一天的用水总量近似地等于函数 $f(t)$ 在 24 小时内的积分。

首先建立函数文件：

function y = f(t)

y = 0. 00024547 * t. ^8 - 0. 0248438 * t. ^7 + 1. 01085 * t. ^6 - 21. 1138 * t. ^5 + 240. 101 * t. ^4 - 1468. 79 * t. ^3 + 4690. 62 * t. ^2 - 7839. 96 * t + 16281. 4;

接着建立调用文件：

P = quad(@ f,0. 46,24. 46) ;   % P 表示一天的总用水量

vpa(P)

输出结果如下：

ans =

338508. 442240420961752533391265869

所以，一天的总用水量为 338508G。

三、绘制直升飞机旋转机翼外形轮廓线

实验目的：

体会三次样条技术在实现图像光滑度方面的优越性。

实验内容：

已知某个直升飞机旋转记忆外形轮廓线 12 个点的坐标：

X	520	280	156	78	39	3	0	3	39	78	156	280	520
Y	0	−30	−36	−35	−28	−9	0	9	28	35	36	30	0

采用三次样条技术，画出飞机外形轮廓线。

实验要求：

（1）利用 MATLAB 的内部函数 plot 直接画出上述数据点 (X,Y) 的图形。

（2）利用 MATLAB 软件求出以上数据的三次样条插值多项式，并画出图形。

（3）自编程序将以上结果画在一张图上，比较其差异，给出你的结论。

解： 这里仅提供要求（3）的算法清单：

```
clc;clear;
x = [  520  280  156   78   39   3   0  3  39  78  156  280  520  ];
y = [   0   -30  -36  -35  -28  -9  0  9  28  35  36   30   0   ];
xx1 = [  520  280  156  ];
yy1 = [   0   -30 -36  ];
```

```
x1 = 520: -1:156;
y1 = interp1(xx1,yy1,x1,'spline');
xx2 = [156    78];
yy2 = [-36   -35];
x2 = 156: -1:78;
y2 = interp1(xx2,yy2,x2,'spline');
xx3 = [78    39    3];
yy3 = [-35   -28   -9];
x3 = 78: -1:3;
y3 = interp1(xx3,yy3,x3,'spline');
xx4 = [0 3];
yy4 = [0 9];
x4 = 0:1:3;
y4 = interp1(xx4,yy4,x4,'spline');
xx5 = [3 39];
yy5 = [9 28];
x5 = 3:1:39;
y5 = interp1(xx5,yy5,x5,'spline');
xx6 = [39 78];
yy6 = [28 35];
x6 = 39:1:78;
y6 = interp1(xx6,yy6,x6,'spline');
xx7 = [78 156];
yy7 = [35 36];
x7 = 78:1:156;
y7 = interp1(xx7,yy7,x7,'spline');
xx8 = [156 280 520];
yy8 = [36    30    0];
x8 = 156:1:520;
y8 = interp1(xx8,yy8,x8,'spline');
hold on
plot(x,y,'b',x1,y1,'k',x2,y2,'k',x3,y3,'k',x4,y4,'k');
plot(x,y,'b',x5,y5,'k',x6,y6,'k',x7,y7,'k',x8,y8,'k');
```

输出结果如图 2.9 所示：

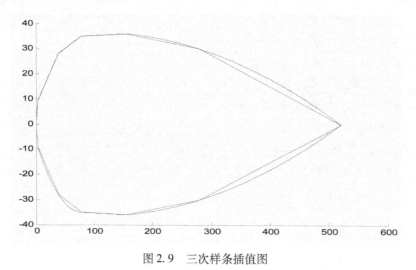

图 2.9　三次样条插值图

从图 2.9 可以看出，三次样条插值方法画出的图形光滑度更高。

实验三　数值微积分实验

（综合性实验）

实验目的：

学会用复化梯形和复化 Simpson 公式求积，并应用该算法于实际问题。

实验内容：

1. 已知如下积分的精确值为 $I = 4.006994$，分别用复化梯形和复化 Simpson 公式计算积分 $I = \int_0^2 \sqrt{1 + \exp(x)}\,\mathrm{d}x$．

实验要求：

（1）在积分区间 $[0, 2]$ 中取 5 个等距节点进行计算；

（2）分析用复化梯形法计算时，剖分区间数 n 对误差的影响，可取 $n = 2^k$，$k = 1, 2, 3, 4, 5, 6$，列表给出你的分析结果。

解：

复化梯形算法：

```
function I = trapez_v(f,h)
I = h * (sum(f) - (f(1) + f(length(f)))/2);

clear all
```

```
clc
Iexact = 4.006994；
a = 0；
b = 2；
fprintf（'\n Extended          Trapezoidal          Rule \n'）；
fprintf（'  n                 I                   error \n'）；
n = 5；
for k = 1：6；
    n = 2^k；
    h = （b − a）/n；
i = 1：n + 1；
    x = a + （i − 1）＊h；
    f = sqrt（1 + exp（x））；
    I = trapez_v（f,h）；
    I = h＊（sum（f） − （f（1） + f（length（f）））/2）；
fprintf（'%3.0f          %10.5f          %10.5f\n',n,I,Iexact − I）
end
```

复化梯形算法结果及误差：

n	2	4	8	16	32	64
I	4.08358	4.02619	4.01180	4.00819	4.00729	4.00707
Error	− 0.07659	− 0.01919	− 0.00480	− 0.00120	− 0.00030	− 0.00008

复化 Simpson 算法：

```
function I = Simps_v（f,h）
n = length（f） − 1；
if n == 1,…
fprintf（'Data has only one interval'），
    return；
end
if n == 2,…
        I = h/3＊（f（1） + 4＊f（2） + f（3））；
    return；
end
```

```
I = 0 ;
if n == 3 , ...
        I = 3/8 * h * ( f( 1 ) + 3 * f( 2 ) + 3 * f( 3 ) + f( 4 ) ) ;
    return ;
end
I = 0 ;
if 2 * floor( n/2 ) ~= n ,
    I = 3/8 * h * ( f( n - 2 ) + 3 * f( n - 1 ) + 3 * f( n ) + f( n + 1 ) ) ;
    m = n - 3 ;
else
    m = n ;
end
I = I + ( h/3 ) * ( f( 1 ) + 4 * sum( f( 2 : 2 : m ) ) + f( m + 1 ) ) ;
    if m > 2 ,
        I = I + ( h/3 ) * 2 * sum( f( 3 : 2 : m ) ) ;
    end


clear all
clc
format   long
for k = 1 : 6 ;
    n = 2^k ;
    a = 0 ;
    b = 2 ;
    h = ( b - a ) . / n ;
i = 1 : n + 1 ;
    x = a + ( i - 1 ) . * h ;
    f = sqrt( 1 + exp( x ) ) ;
    I = Simps_v( f , ( b - a ) . / n )
    end
```

复化 Simpson 方法的计算结果：

n	2	4	8	16	32	64
I	4. 00791301 203099	4. 00705492 785743	4. 00699806 600175	4. 00699446 417137	4. 00699423 832358	4. 0069942 2419669

两种算法结果对比：

$N = 2k$	复化梯形公式	复化梯形公式误差	复化 Simpson 公式	复化 Simpson 公式误差
$k = 1$	4.08358	− 0.07659	4.00791301203099	− 9.186120309898627e − 004
$k = 2$	4.02619	− 0.01919	4.00705492785743	− 6.052785743015932e − 005
$k = 3$	4.01180	− 0.00480	4.00699806600175	− 3.666001750168846e − 006
$k = 4$	4.00819	− 0.00120	4.00699446417137	− 6.417137043968069e − 008
$k = 5$	4.00729	− 0.00030	4.00699423832358	1.616764198075771e − 007
$k = 6$	4.00707	− 0.00008	4.00699422419669	1.758033096876943e − 007

从结果来看，对积分区间进行相同的等分，复化 Simpson 公式比复化梯形公式得到的结果更接近精确值；用复化梯形法计算时，剖分区间越密，计算结果的误差就越小。

实验内容：

2. 利用复化梯形和复化 Simpson 公式求卫星轨道的周长。

已知卫星轨道是一个椭圆，椭圆周长的计算公式是

$$S = 4a \int_0^{\frac{\pi}{2}} \sqrt{1 - \left(\frac{c}{a}\right)^2 \sin^2\theta} \, \mathrm{d}\theta$$

这里 a 是椭圆半长轴，c 是地球中心与轨道中心（椭圆中心）的距离。记 h 为近地点距离，H 为远地点距离，$R = 6371\text{km}$ 为地球半径，则 $a = \dfrac{2R + H + h}{2}$，$c = \dfrac{H - h}{2}$。

我国第一颗人造地球卫星近地点距离 $h = 439\text{km}$，远地点距离 $H = 2384\text{km}$，试求卫星轨道的周长。

实验要求：

（1）先应用 MATLAB 软件画出被积函数的图形；

（2）分别应用复化梯形和复化 Simpson 公式（MATLAB 软件程序）画出被积函数的图形，得到积分结果；

（3）用复化梯形和 Simpson 公式两种方法计算出最后结果，并写出两种方法的代码清单；

（4）比较所得结果的差异，进行误差分析，说明不同计算方法在解决该问题时的优劣性。列表给出你的分析结果，说明这两种计算方法在实际应用中哪种更为精确？

解：

（1）用 MATLAB 软件画出被积函数的图形。

编程程序如下：

```
R = 6371;
h = 439;
H = 2384;
a = (2 * R + H + h)/2;      % = 7.782500000000000e + 003
c = (H - h)/2;              % = 9.725000000000000e + 002
x = 0:0.1:pi/2;
y = 4 * a * sqrt(1 - (c/a)^2 * (sin(x)).^2);
plot(x, y, '- -')
title('普通图'); xlabel('x'); ylabel('y');
```

输出结果如图 3.1 所示：

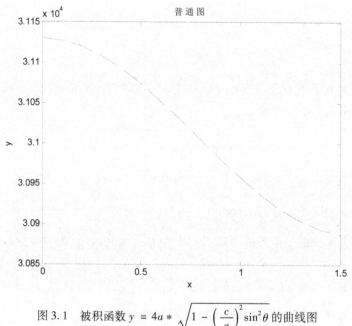

图 3.1　被积函数 $y = 4a * \sqrt{1 - \left(\dfrac{c}{a}\right)^2 \sin^2\theta}$ 的曲线图

（2）复化梯形方法。

①建立 trapez_ g 文件：

```
function   I = trapez_g(f_name3, a, b, n)
format long
n = n;
hold off
h = (b - a)/n;      x = a + (0:n) * h; f = feval(f_name3, x);
```

$I = h/2 * (f(1) + f(n + 1));$

if $n > 1$

$I = I + h * sum(f(2:n));$

end

$h2 = (b - a)/100;$ $xc = a + (0:100) * h2;$ $fc = feval(f\_name3, xc);$

$plot(xc, fc, 'r');$

hold on

$title('Trapezoidal \ Rule'); xlabel('x'); ylabel('y');$

$plot(x, f)$

$plot(x, zeros(size(x)), '. ')$

for $i = 1:n; plot([x(i), x(i)], [0, f(i)]);$

end

②建立函数文件。

$function \ y = f\_name3(x)$

$a = (2 * 6371 + 2384 + 439)/2;$

$c = (2384 - 439)/2;$

$y = sqrt(1 - (c/a).^2 * (sin(x)).^2) - 0.99;$

% 此处减去 0.99 是因为 x 值与 y 值之间差距较大，若不减去，则无法看出被积函数图形。

③建立调用文件。

$trapez\_ g \ ('f\_ name3', \ 0, \ pi/2, \ 30)$

运行结果为：

$$\int_0^{\frac{\pi}{2}} \sqrt{1 - \left(\frac{c}{a}\right)^2 \sin^2\theta}\, d\theta = (0.00955791054630 + 0.99) \times \frac{\pi}{2}$$

$$I = 4 * 7782.5 * 0.99955791054630 * \frac{\pi}{2} = 4.870743851190020e + 004$$

输出结果如图 3.2 所示。

④复化梯形方法的误差分析。

clear

$n = 1;$

format long

$fprintf \ ('\backslash n \ Extended \quad Trapezoidal \quad Rule \backslash n');$

$fprintf \ ('\backslash n \quad n \qquad\qquad I \qquad\qquad Error \backslash n');$

for $k = 1: 8$

$\quad n = n * 2;$

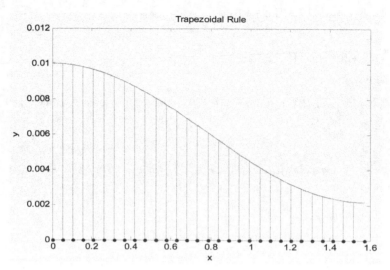

图 3.2 $n = 30$ 的复化梯形方法积分图形

I1 = trapez_ g ('f_ name3', 0, pi/2, n);

    format long

    if k ~= 1;

fprintf ('%3.0f   %10.5f   %10.5f \ n', n, I1, I1 − I2);

    end

    I2 = I1;

    pause

end

Extended	Trapezoidal	Rule
n	I	Error
4	1.56465	0.00000
8	1.56465	− 0.00000
16	1.56465	0.00000
32	1.56465	0.00000
64	1.56465	0.00000
128	1.56465	− 0.00000
256	1.56465	− 0.00000

图 3.3 为 $n = 1, 4, 8, 16, 32, 64$ 时用复化梯形方法计算的各积分图形图像。

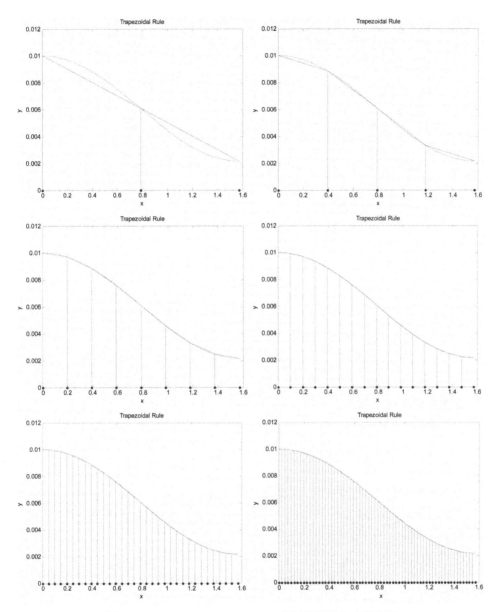

图 3.3　$n = 1, 4, 8, 16, 32, 64$ 的复化梯形方法积分图

（3）复化 Simpson 公式方法。

①建立 Simps_ v 文件。

```
function I = Simps_v(f,h)
n = length(f) - 1;
if n == 1,...
        fprintf('Data has only one interval'),return;
end
```

if n == 2,…

$\qquad$ I = h/3 * (f(1) + 4 * f(2) + f(3)) ;

$\qquad$ return; end

I = 0;

if n == 3,…

$\qquad$ I = 3/8 * h * (f(1) + 3 * f(2) + 3 * f(3) + f(4)) ;

$\qquad$ return; end

I = 0;

if 2 * floor(n/2) ~= n,

$\qquad$ I = 3/8 * h * (f(n - 2) + 3 * f(n - 1) + 3 * f(n) + f(n + 1)) ;

$\qquad$ m = n - 3;

else

$\qquad$ m = n;

end

I = I + (h/3) * (f(1) + 4 * sum(f(2:2:m)) + f(m + 1)) ;

if m > 2, I = I + (h/3) * 2 * sum(f(3:2:m)) ;

end

②建立 Simps_ n 文件：

function I = Simps_n(f_name, a, b, n)

h = (b - a)/n;

x = a + (0:n) * h;

f = feval(f_name, x) ;

I = Simps_v(f, h) ;

③建立函数文件：

function y = f_name3(x)

a = (2 * 6371 + 2384 + 439)/2;

c = (2384 - 439)/2;

y = sqrt(1 - (c/a).^2 * (sin(x)).^2) ;

④建立调用文件：

Simps_n('f_name3', 0, pi/2, 30)

运行结果为：I = 1.564646274073246

⑤复化 Simpson 方法的误差分析：

clear

n = 1;

format long

```
fprintf('\n Extended    Trapezoidal    Rule\n');
fprintf('\n     n          I           Error\n');
for k = 1:8
        n = n * 2;
I1 = Simps_n('f_name3',0,pi/2,n);
        format long
        if k ~= 1;
fprintf('  %3.0f    %10.5f    %10.5f\n',  n,  I1,  I1 - I2);
        end
        I2 = I1;
        pause
end
```

Extended	Trapezoidal	Rule
n	I	Error
4	0.00956	0.00000
8	0.00956	0.00000
16	0.00956	0.00000
32	0.00956	− 0.00000
64	0.00956	− 0.00000
128	0.00956	0.00000

　　从误差结果来看，复化 Simpson 方法的误差较小，故在计算精确的函数值时，采用复化 Simpson 公式可以使结果更加精确。在实验过程中还发现，这两种方法随着节点数的增加其精度都在逐渐增大，且 Simpson 公式的精度远高于复化梯形公式的精度。

实验四　线性方程组的直接解法/迭代解法
（综合性实验）

一、解线性方程组的列主元素高斯消去法和 LU 分解法

实验目的：

　　通过数值实验，从中体会解线性方程组选主元的必要性和 LU 分解法的优点，以及方程组系数矩阵和右端向量的微小变化对解向量的影响。比较各种直接解法在解线性方程组中的效果。

实验内容:

解下列线性方程组

$$\begin{pmatrix} 10 & -7 & 0 & 1 \\ -3 & 2.099999 & 6 & 2 \\ 5 & -1 & 5 & -1 \\ 2 & 1 & 0 & 2 \end{pmatrix} \begin{pmatrix} x_1 \\ x_2 \\ x_3 \\ x_4 \end{pmatrix} = \begin{pmatrix} 8 \\ 5.900001 \\ 5 \\ 1 \end{pmatrix}$$

实验要求:

(1) 在 MATLAB 中编写程序,用列主元高斯消去法和 LU 分解法求解上述方程组,输出 $Ax = b$ 中矩阵 A 及向量 b 和 $A = LU$ 分解中的 L 及 U,det$A$ 及解向量 x。

(2) 将方程组中的 2.099999 改为 2.1,5.900001 改为 5.9,用列主元高斯消去法求解变换后的方程组,输出解向量 x 及 det$A$,并与 (1) 中的结果比较。

(3) 用 MATLAB 的内部函数 inv 求出系数矩阵的逆矩阵,再输入命令 $x = $ inv $(A) * b$,即可求出方程组的解;用 MATLAB 的内部函数 det 求出系数行列式的值,并与 (1) (2) 中输出的系数行列式的值进行比较。

(4) 比较以上各种直接解法在解线性方程组中的效果。

解:

(1) LU 分解法清单:

① 消元过程:

```
function X = uptrbk(A,B)
[N N] = size(A);
X = zeros(N,1);
C = zeros(1,N+1);
Aug = [A B];
for p = 1:N-1
    [Y,j] = max(abs(Aug(p:N,p)));
    C = Aug(p,:);
    Aug(p,:) = Aug(j+p-1,:);
    Aug(j+p-1,:) = C;
    if Aug(p,p) == 0
        'A was singular. No unique solution'
        break;
    end
    for k = p+1:N
        m = Aug(k,p)/Aug(p,p);
```

$$\text{Aug}(k, p:N+1) = \text{Aug}(k, p:N+1) - m * \text{Aug}(p, p:N+1);$$

　　　　　end

　　end

　　$X = \text{backsub}(\text{Aug}(1:N, 1:N), \text{Aug}(1:N, N+1))$

② 回代过程:

　　function $X = \text{backsub}(A, B)$

　　$n = \text{length}(B);$

　　$X = \text{zeros}(n, 1);$

　　$X(n) = B(n)/A(n, n);$

　　for $k = n - 1: -1:1$

　　　　$X(k) = (B(k) - A(k, k+1:n) * X(k+1:n))/A(k, k);$

　　end

③ 执行 M 文件:

　　clc;

　　format short;

　　disp('此为上三角变换');

　　$A = \text{input}('请输入系数矩阵 A');$

　　$B = \text{input}('请输入系数向量 B');$

　　$[1, u, p] = \text{lu}(A)$

　　disp('矩阵 A 的行列式为');

　　$\text{det}(A)$

　　$X = \text{uptrbk}(A, B);$

运行结果如下:

　　执行.m 文件

　　$A = [10 \ -7 \ 0 \ 1; \ -3 \ 2.099999 \ 6 \ 2; \ 5 \ -1 \ 5 \ -1; \ 2 \ 1 \ 0 \ 2]$

　　$B = [8 \ 5.900001 \ 5 \ 1]'$

得到:

　　$1 =$

1.0000	0	0	0
0.5000	1.0000	0	0
-0.3000	-0.0000	1.0000	0
0.2000	0.9600	-0.8000	1.0000

```
u =

    10.0000        -7.0000             0        1.0000
         0         2.5000        5.0000       -1.5000
         0              0        6.0000        2.3000
         0              0             0        5.0800
```

系数矩阵 A 的行列式的值 det A:

```
ans =


   -762.0001
```

方程组的解:

```
x =

    0.0000       -1.0000    1.0000    1.0000
```

列主元高斯消元法清单:

```
clc;
disp('此为列主元消去法');
a = input('请输入系数矩阵 A');
b = input('请输入常系数向量');
B = [a b];%增广矩阵
[n,n] = size(a);
ra = rank(a);%求系数矩阵的秩
rb = rank(B);%求增广矩阵的秩
%判断方程解的情况
if ra ~= rb
    disp('系数矩阵的秩与增广矩阵的秩不一致,此方程无解');
    return;
else if (ra == rb)&&(ra == n)
        disp('此方程组有唯一解');
    else disp('此方程组有无穷多解');
    end
end
disp('矩阵 A 的行列式为:')
det(a)
```

```
t = zeros(n + 1);
for k = 1:1:n - 1
    % 找出每一列的最大值
    max = k;
    for j = k + 1:1:n
        if abs(a(j,k)) > abs(a(max,k))
            max = j;
        end
    end
    % 执行换行
    t(1,1) = b(k,1);
    b(k,1) = b(max,1);
    b(max,1) = t(1,1);
    w(1,:) = a(k,:);
    a(k,:) = a(max,:);
    a(max,:) = w(1,:);
    % 消元过程
    for i = k + 1:1:n
        m(i,k) = a(i,k)/a(k,k);
        for j = k + 1:1:n
            a(i,j) = a(i,j) - a(k,j) * m(i,k);
        end
        b(i) = b(i) - m(i,k) * b(k);
    end
end
% 回代过程
x = zeros(n,1);
x(n) = b(n)/a(n,n);
for i = n - 1: - 1:1
    x(i) = (b(i) - a(i,i + 1:n) * x(i + 1:n))/a(i,i);
end
x
```

运行结果如下：

执行 .m 文件

A = [10 -7 0 1; -3 2.099999 6 2; 5 -1 5 -1; 2 1 0 2]

$$B = [8 \quad 5.900001 \quad 5 \quad 1]'$$

得到方程组的解:

$$x =$$
$$0.0000 \quad -1.0000 \quad 1.0000 \quad 1.0000$$

（2）将方程组中的系数 2.099999 改为 2.1，5.900001 改为 5.9，再用列主元高斯消元法求解的运行代码如下:

```
clc;
disp('此为列主元消去法');
a = input('请输入系数矩阵 A');
b = input('请输入常系数向量');
B = [a b];% 增广矩阵
[n,n] = size(a);
ra = rank(a);% 求系数矩阵的秩
rb = rank(B);% 求增广矩阵的秩
% 判断方程解的情况
if ra ~= rb
    disp('系数矩阵的秩与增广矩阵的秩不一致,此方程无解');
    return;
else if ( ra == rb)&&(ra == n)
        disp('此方程组有唯一解');
    else disp('此方程组有无穷多解');
    end
end
disp('矩阵 A 的行列式为:')
det(a)
t = zeros(n + 1);
for k = 1:1:n - 1
    % 找出每一列的最大值
    max = k;
    for j = k + 1:1:n
        if abs(a(j,k)) > abs(a(max,k))
            max = j;
        end
    end
```

```
        % 执行换行
        t(1,1) = b(k,1);
        b(k,1) = b(max,1);
        b(max,1) = t(1,1);
        w(1,:) = a(k,:);
        a(k,:) = a(max,:);
        a(max,:) = w(1,:);
      % 消元过程
    for i = k + 1:1:n
        m(i,k) = a(i,k)/a(k,k);
        for j = k + 1:1:n
            a(i,j) = a(i,j) - a(k,j) * m(i,k);
        end
        b(i) = b(i) - m(i,k) * b(k);
    end
end
% 回代过程
x = zeros(n,1);
x(n) = b(n)/a(n,n);
for i = n - 1: - 1:1
        x(i) = (b(i) - a(i,i + 1:n) * x(i + 1:n))/a(i,i);
end
x
```

运行结果如下：

　　执行 .m 文件

　　$A = [10\ -7\ 0\ 1;\ -3\ 2.1\ 6\ 2;\ 5\ -1\ 5\ -1;\ 2\ 1\ 0\ 2]$

　　$B = [8\quad 5.9\quad 5\ 1]'$

得到：

　　ans =

　　　　 - 762.0001

　　x =

　　　　 0.0000　 - 1.0000　 1.0000　 1.0000

从 MATLAB 的运行结果来看，将方程组中的 2.099999 改为 2.1，5.900001 改为 5.9，矩阵 A 的行列式值和方程组的解 x 基本没有变化，说明方程组的系数矩阵非病态。

（3）使用 MATLAB 内部求逆函数的代码：

```
clc;
A = input('请输入系数矩阵 A =');
B = input('请输入系数矩阵 B =');
disp('系数矩阵 A 的行列式为')
det(A)
x = inv(A) * B
```

运行结果：

系数矩阵 A 的行列式为 $[10 \ -7 \ 0 \ 1; \ -3 \ 2.1 \ 6 \ 2; \ 5 \ -1 \ 5 \ -1; \ 2 \ 1 \ 0 \ 2]$

系数矩阵 B 的行列式为 $[8 \ \ 5.900001 \ \ 5 \ 1]'$

```
ans =
    -762.0001
x =
    0.0000   -1.0000   1.0000   1.0000
```

从运行结果可以看出，利用上述三种解法得到的 det（A）、方程组的解 x 都是相同的；由于系数矩阵 A 的维数较小，求解的运行速度差别不是十分明显。相对而言，inv 求解法、LU 分解法要较高斯列主元消去法更快捷，高斯列主元消去法的每一步选主元会拖慢求解速度，但却比不选主元的高斯消元法具有更好的数值稳定性。

（4）虽然上述方法的运行结果都相同，但 LU 分解法比较简便迅速，只需要对方程组的系数矩阵 A 做一次 LU 分解即可求得方程组的解。而对于高斯列主元消去法，则需要每一步都确定主元，计算量比较大。

二、研究解线性方程组 $Ax = b$ 迭代法的收敛性、收敛速度以及 SOR 方法中最佳松弛因子的选取问题

实验目的：

认识各种迭代法收敛的含义、影响各迭代法收敛速度的因素。

实验内容：

用迭代法求解 $Ax = b$，其中：

$$A = \begin{bmatrix} 4 & -1 & 1 \\ 4 & -8 & 1 \\ -2 & 1 & 5 \end{bmatrix}, \quad b = \begin{bmatrix} 7 \\ -21 \\ 15 \end{bmatrix}$$

实验要求：

（1）选取不同的初始向量 $X^{(0)}$ 及右端向量 b，给定迭代误差要求，用 Jacobi 迭代法和 Gauss – Seidel 迭代法求解，观察得到的序列是否收敛？若收敛，记录迭代次数，分析计算结果，并列出算法清单。

（2）用 SOR 迭代法求上述方程组的解，松弛系数 ω 取（1，2）内不同的三个值，在 $\|X^{(k)} - X^{(k+1)}\|_\infty \leqslant 10^{-5}$ 时停止迭代，记录迭代次数，分析计算结果与松弛系数 ω 的关系并得出你的结论。

（3）用 MATLAB 的内部函数 inv 求出系数矩阵的逆矩阵，再输入命令 $x = \mathrm{inv}(A) * b$，即可求出上述方程组的解，并与上述三种方法求出的解进行比较。请将比较结果列入下表。

		方程组的解		迭代次数	误差
		x_1	x_2	x_3		
精 确 解						
Jacobi 解法						
Gause – Seidel 解法						
SOR 解法	$\omega =$					
	$\omega =$					
	$\omega =$					

解：

（1）Jacobi 迭代法：

```
function x = jacobi(a,b,p,delta,max1)
% p 为第 k 步结果, delta 为误差限, max1 为最高迭代次数
fprintf('It.    k      x(1)      x(2)      x(3)      err\n');
n = length(b);
for k = 1:max1
for j = 1:n
        x(j) = (b(j) - a(j,[1:j-1,j+1:n]) * p([1:j-1,j+1:n]))/a(j,j);
end
err = norm((x'-p),inf);      % x'-p 为第 k+1 步与第 k 步的差值
fprintf('%7.0f, %10.6f, %10.6f, %10.6f, %10.6f\n',k,x,err);
p = x';      % 令 p 等于第 k 步结果
if(err < delta)
break
```

```
    end
  end
  k,x = x′    % 输出迭代次数 k 与最终结果 x
end
```

Gause – Seidel 迭代法：

```
function x = gseid(a,b,p,delta,max1)
% p 为第 k 步结果,delta 为误差限,max1 为最高迭代次数
fprintf('It.    k      x(1)       x(2)       x(3)        err\n');
n = length(b);
for k = 1:max1
for j = 1:n
if j == 1
            x(1) = (b(1) - a(1,2:n) * p(2:n))/a(1,1);
else if j == n
          x(n) = (b(n) - a(n,1:n - 1) * x(1:n - 1)′)/a(n,n);
else
            x(j) = (b(j) - a(j,1:j - 1) * x(1:j - 1)′ - a(j,j + 1:n) * p
(j + 1:n))/a(j,j);
      end
   end
      err = norm((x′ - p),inf);      % x′ - p 为第 k + 1 步与第 k 步的差值
fprintf('%7.0f, %10.6f, %10.6f, %10.6f, %10.6f\n',k,x,err);
   p = x′;      % 令 p 等于第 k 步结果
if( err < delta)
break
end
end
k,x = x′    % 输出迭代次数 k 与最终结果 x
end

clear all,clc
format long
```

a = [4, -1,1;4, -8,1; -2,1,5];
b = [7, -21,15]';
p = [0,0,0]';
d = [4,0,0;0, -8,0;0,0,5]
l = [0,0,0; -4,0,0;2, -1,0]
u = [0,1, -1;0,0, -1;0,0,0]

% Jacobi：

BJ = inv(d) * (l + u)　　　% 迭代矩阵

[dj,vj] = eig(BJ)　　　% dj：BJ 的特征向量,vj：BJ 的特征值

P_BJ = norm(vj,inf)　　% 求谱半径(vj 的无穷范数)

delta = 10. ^(-5);　　% ‖x(k + 1) - x(k)‖inf 的误差限, 分别取
10^(-5),10^(-6)

max1 = 20;　　　　% 最大迭代次数

jacobi(a,b,p,delta,max1);

% Gauss - Seidel：

BG = inv(d - l) * u　　　% 迭代矩阵

[dg,vg] = eig(BG)　　　% dg：BG 的特征向量,vg：BG 的特征值

P_BG = norm(vg,inf)　　% 求谱半径(vg 的无穷范数)

delta = 10. ^(-5);　　% ‖x(k + 1) - x(k)‖inf 的误差限,分别取
10^(-5),10^(-6)

max1 = 20;　　　　% 最大迭代次数

gseid(a,b,p,delta,max1);

迭代矩阵的谱半径分别是：

P - BJ =

0.334716475041085

P - BG =

0.125000000000000

由于 Jacobi 迭代法与 G - S 迭代法的迭代矩阵谱半径均小于 1, 所以这两种迭代方法均收敛, 并且由于后者更小, 可知 G - S 迭代法的迭代步数会更少, 求解速度会更快。

取误差限为 10^ (-5), 可得 Jacobi 迭代法的迭代步数与迭代求解结果：

It	k	x(1)	x(2)	x(3)	err
	1,	1.750000,	2.625000,	3.000000,	3.000000
	2,	1.656250,	3.875000,	3.175000,	1.250000
	3,	1.925000,	3.850000,	2.887500,	0.287500
	4,	1.990625,	3.948437,	3.000000,	0.112500
	5,	1.987109,	3.995312,	3.006563,	0.046875
	6,	1.997187,	3.994375,	2.995781,	0.010781
	7,	1.999648,	3.998066,	3.000000,	0.004219
	8,	1.999517,	3.999824,	3.000246,	0.001758
	9,	1.999895,	3.999789,	2.999842,	0.000404
	10,	1.999987,	3.999927,	3.000000,	0.000158
	11,	1.999982,	3.999993,	3.000000,	0.000066
	12,	1.999996,	3.999992,	2.999994,	0.000015
	13,	2.000000,	3.999997,	3.000000,	0.000000

x =

1.999999505615234
3.999997280883789
3.000000000000000

Gause – Seidel 迭代法的迭代步数与迭代求解结果：

It	k	x(1)	x(2)	x(3)	err
	1,	1.750000,	3.500000,	3.000000,	3.500000
	2,	1.875000,	3.937500,	2.962500,	0.437500
	3,	1.993750,	3.992188,	2.999063,	0.118750
	4,	1.998281,	3.999023,	2.999508,	0.006836
	5,	1.999879,	3.999878,	2.999976,	0.001598
	6,	1.999975,	3.999985,	2.999993,	0.000107
	7,	1.999998,	3.999998,	3.000000,	0.000022
	8,	2.000000,	4.000000,	3.000000,	0.000002

x =

1.999999640441895
3.999999761581421
2.999999903860474

所以，在求解精度相同的要求下，Jacobi 迭代法需迭代 13 步，而 Gause – Seidel 迭代法只需迭代 8 步，后者的求解速度显然更快，且所得结果更接近精确值。

（2）用 SOR 迭代法求解上述方程组，松弛系数 ω 分别取 1.1，1.5，1.8，精度要求为 $\| X^{(k)} - X^{(k+1)} \|_\infty \leqslant 10^{-5}$。

SOR 迭代法：

```
function x = sor(a,b,p,ω,delta,max1)
%p 为第 k 步结果,ω 为松弛因子,delta 为误差限,max1 为最高迭代次数
fprintf('It.   k        x(1)            x(2)            x(3)            err\n');
n = length(b);
for k = 1:max1
```

```
for j = 1 : n
if j == 1
        x(1) = p(1) + ω * (b(1) - a(1,1:n) * p(1:n))/a(1,1);
else
x(j) = p(j) + ω * (b(j) - a(j,1:j - 1) * (x(1:j - 1)') - a(j,j:n) * p(j:
n))/a(j,j);
    end
    end
        err = abs(norm((x' - p),inf));        % x' - p 为第 k + 1 步与第 k 步的
差值
    fprintf('%7.0f, %10.6f, %10.6f, %10.6f, %10.6f\n',k,x,err);
    p = x';        % 令 p 等于第 k 步结果
    if(err < delta)
    break
    end
    end
    k,x = x'    % 输出迭代次数 k 与最终结果 x
    end


% SOR:
ω = 1.1;                                % ω 分别取 1.1,1.5,1.8
BS = inv(d - ω * l) * ((1 - ω) * d + ω * u)        % 迭代矩阵
[ds,vs] = eig(BS)                        % ds:BS 的特征向量,vs:BS 的特
征值
P_BS = norm(vs,inf)                % 求谱半径(vs 的无穷范数)
delta = 10. ^( - 5);                % ‖x(k + 1) - x(k)‖inf 的误差限
max1 = 25;                                % 最大迭代次数
sor(a,b,p,ω,delta,max1);
```

运行结果：

$\omega = 1.1$	$\omega = 1.5$	$\omega = 1.8$
P_BS =	P_BS =	P_BS =
0.227291673516755	0.500000000000000	0.926346539515295
k =	k =	k =
10	20	167
x =	x =	x =
1.999999252159854	2.000001650755365	1.999994767971517
3.999999826685105	4.000000459636484	3.999998760181155
2.999999480527597	3.000000699385525	2.999994766067293

上述结果表明，ω 取 1.1，1.5，1.8 时，SOR 迭代法的迭代步数分别为 10、20、167，即 SOR 迭代法的收敛速度与松弛因子 ω 的取值有关，我们可以通过改变松弛因子的大小控制 SOR 迭代法的收敛速度。适当选取 ω 的值在 SOR 方法中尤为重要，取值不当会使得该方法的迭代次数较大（如 $\omega = 1.8$ 时），从而降低计算效率。

（3）直接用 $x = \text{inv}(A) * b$ 求得方程组的精确解为：

xe =

2.000000000000000

4.000000000000000

3.000000000000000

将 Jacobi 迭代法、Gause – Seidel 迭代法、SOR 迭代法、直接求逆法的求解结果列表如下：

		方程组的解			迭代次数	误 差
		x_1	x_2	x_3		
精 确 解		2.0	4.0	3.0		
Jacobi 解法		1.99999950	3.99999728	3.0	13	10.^（-5）
Gause – Seidel 解法		1.99999964	3.99999976	2.99999990	8	10.^（-5）
SOR 解法	$\omega = 1.1$	1.99999925	3.99999983	2.99999948	10	10.^（-5）
	$\omega = 1.5$	2.00000165	4.00000045	3.00000070	20	10.^（-5）
	$\omega = 1.8$	1.99999477	3.99999876	2.99999477	167	10.^（-5）

上述结果表明，在相同误差限要求下，Gause – Seidel 迭代法的迭代步数最少，求解速度最快；SOR 迭代法可以通过改变松弛因子调整迭代速度，是 Gause – Seidel 方法的推广，灵活度更高，但需注意松弛因子的取值，以免出现迭代次数过大、增加计算量的情况。

三、查找数据及资料，对于人口增长率问题给出综合设计性模型及合理 解决方案

实验要求：

上网或到图书馆查询资料和数据，建立我国自 1980 年至今的人口增长模型，以全国人口为样本数据或以某省人口为样本数据均可。对你所建立的模型，结合社会现实，提出未来十年调控人口数目增减的合理方案（要考虑劳动人口、老年人口、劳动力成本等因素）。

问题解决的参考步骤：

（1）在国家统计局网站获取我国自 1980—2013 年的总人口数据，列出数据表；

（2）画出散点图；

（3）使用 MATLAB 软件对其进行拟合，得到拟合模型。为使问题简化，可以只考虑年份与总人数之间的关系，而不考虑其他因素，如自然灾害、国家战争、国家政策等因素。

（4）根据模型，结合社会现实，提出未来十年调控人口数目增减的合理方案（要考虑劳动人口、老年人口、劳动力成本等因素）。

实验五 非线性方程求解

（设计性实验）

一、迭代函数对收敛性的影响

实验目的：

初步了解非线性方程的简单迭代法及其收敛性，体会迭代函数对收敛性的影响，知道当迭代函数满足什么条件时，迭代法收敛。

实验内容：

用简单迭代法求方程 $f(x) = 2x^3 - x - 1 = 0$ 的根。

方案一：化 $f(x) = 2x^3 - x - 1 = 0$ 为等价方程 $x = \sqrt[3]{\dfrac{x+1}{2}} \underset{=}{\Delta} \phi(x)$

方案二：化 $f(x) = 2x^3 - x - 1 = 0$ 为等价方程 $x = 2x^3 - 1 \underset{=}{\Delta} \phi(x)$

实验要求：

（1）分别对方案一、方案二取初值 $x_0 = 0$，迭代 10 次，观察其计算值，并加

以分析。

(2) 用 MATLAB 内部函数 solve 直接求出方程的所有根,并与 (1) 的结果进行比较。

解:

(1) 迭代法程序:

```
function[ k,piancha,xdpiancha,xk] = diedai( x0,k)
x(1) = x0;
for i = 1:k
x(i + 1) = fun1( x(i) );
piancha = abs( x(i + 1) - x(i) );
xdpiancha = piancha/( abs( x(i + 1) ) + eps);
i = i + 1;xk = x(i);[ (i - 1) piancha xdpiancha xk]
% 每次运行均输出迭代次数、误差、相对误差和 xk 的值
end

if ( piancha > 1)&( xdpiancha > 0. 5)&( k > 3)
% 当误差大于 1,相对误差大于 0.5 且迭代次数大于 3 时,该迭代序列发散
disp('此迭代序列发散,请重新输入新的迭代公式')
return;
end

if ( piancha < 0. 001)&( xdpiancha < 0. 0000005)&( k < 3)
% 当误差小于 0.001,相对误差小于 0.0000005 且迭代次数小于 3 时,该迭
代序列收敛且速度较快
disp('此迭代序列收敛,且收敛速度较快')
return;
end
p = [ (i - 1) piancha xdpiancha xk]';
```

方案一的运行清单:

首先建立 M 文件:

```
function y1 = fun1( x)
1 = ( ( x + 1). /2). ^(1/3);
```

接着在 MATLAB 中输入命令:

```
[ k,piancha,xdpiancha,xk] = diedai( 0,10)
```

运行结果如下:

迭代次数	1	2	3	4	5	6	7	8	9	10
误差	0.7937	0.1707	0.0297	0.0050	0.0008	0.0001	0.0000	0.0000	0.0000	0.0000
相对误差	1.0000	0.1770	0.0298	0.0050	0.0008	0.0001	0.0000	0.0000	0.0000	0.0000
x 的值	0.7937	0.9644	0.9940	0.9990	0.9998	1.0000	1.0000	1.0000	1.0000	1.0000

方案二的运行清单：

首先建立 M 文件：

```
function y1 = fun1(x)
y1 = 2. * (x.^3) - 1;
```

在 MATLAB 中输入命令：

```
[k, piancha, xdpiancha, xk] = diedai(0, 10)
```

运行结果如下：

迭代次数	误差	相对误差	x 的值
1	1.00000	1.00000	-1.00000
2	2.00000	0.66670	-3.00000
3	52.00000	0.94550	-55.00000
4	1.0e + 05 * 3.3270	1.0e + 05 * 0	1.0e + 05 (-3.3275)
5	1.0e + 16 * 7.7387	1.0e + 16 * 0	1.0e + 16 * (-7.7387)
6	1.0e + 50 * 8.0019	1.0e + 50 * 0	1.0e + 50 * (-8.0019)
7	1.0e + 153 * 1.0247	1.0e + 153 * 0	1.0e + 153 * (-1.0247)
8	Inf	NaN	$-$ Inf
9	NaN	NaN	$-$ Inf
10	NaN	NaN	$-$ Inf

由运行结果可以看出方案一收敛很快，误差和相对误差几乎为零；方案二不收敛，随着迭代次数的增加，误差和相对误差越来越大。由此可见，迭代序列的收敛性和选用的迭代格式有关。

（2）建立 M 文件：

```
syms x;                    %定义一个符号变量
x = solve('2 * x^3 - x - 1', x)
```

运行结果如下：

```
x =
        1
 - 1/2 + i/2
 - 1/2 - i/2
```

由运行结果可以看出，用 MATLAB 内部函数 solve 可以直接求得方程的 3 个根，计算结果准确，不会失根。

二、收敛性与收敛速度的比较

实验目的：

通过用不同迭代法解同一非线性方程，比较各种方法的收敛性与收敛速度。

实验内容：

求解非线性方程 $x^3 - 3x + 2 = 0$ 的近似根，初值 $x_0 = -2.4$ ，误差为 0.000001 。

实验要求：

（1）用牛顿迭代法求方程的根，输出迭代初值、各次迭代值及迭代次数；

（2）用割线法求方程的根，输出迭代初值、各次迭代值及迭代次数；

（3）用 MATLAB 内部函数 solve 直接求出方程的所有根，并与（1）（2）的结果进行比较。

解：画出函数 $f(x) = x^3 - 3x + 2$ 的图形，易知方程的根位于区间（-2.5，-1）之间，在 MATLAB 中输入命令：

x = -3：0.01：-1；

y = x.^3 - 3 * x + 2；

plot（x，y）

grid on

运行结果如图 5.1 所示：

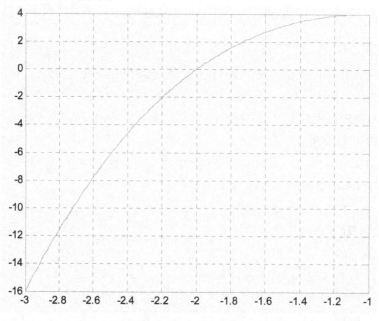

图 5.1 函数 $f(x) = x^3 - 3x + 2$ 的图像

从图 5.1 可知，$f(x)$ 满足牛顿迭代法公式的条件。

（1）先写出牛顿迭代法的源程序代码 . m 文件：

```
function [x0,err,k,y] = newton1(f,df,x0,delta,epsilon,max1)
for k = 1:max1                          %  max1 最好取一个较大的正整数
    x = x0 - feval('w1_',x0)/feval('w2_',x0);
    err = abs(x - x0);
    relerr = 2 * err/(abs(x0) + delta);
    x0 = x;
    y = feval('w1_',x0);
    if(err < delta)|(relerr < delta)|(abs(y) < epsilon),break,end
end
[x0,err,k,y]
```

再写出函数 $f(x) = x^3 - 3x + 2$ 的 . m 文件：

```
function f = w1_(x0)
f = x0^3 - 3 * x0 + 2;
```

以及函数 $df = 3x_0^2 - 3$ 的 . m 文件：

```
function df = w2_(x0)
df = 3 * x0^2 - 3;
```

最后在 matlab 窗口输入命令：

```
newton1('w1_','w2_', -2.4,0.00001,0.00001,30)
```

运行结果如下：

```
ans =
    -2.0000      0.0000      4.0000    -0.0000


ans =
    -2.0000
```

（2）用割线法求方程的根时，函数的图形同上，易知方程的根位于区间 $(-2.5, -1)$ 之间。先写出割线法的源程序代码 . m 文件：

```
function x = Newt_n(f_name,x0)
function x = Newt_n(f_name,x0)
x = x0;    % x0 为迭代初始值
xb = x + 1;
n = 0;
k = 100;   % 最大迭代次数
del_x = 0.01;  % 求导数 x 的间隔为 delta
```

```
while abs(x - xb) > 0.000001
    n = n + 1;
    xb = x;
    if n > = k
        break;
    end
    y = feval(f_name,x);
    y_driv = (feval(f_name,x + del_x) - y)/del_x;
    x = xb - y/y_driv;
fprintf('n = % 3.0f, x = % 12.5e, y = % 12.5e, yd = % 12.5e \n', n, x, y, y_
driv);
    end
fprintf('\n Final answer = % 12.6e\n',x);
```

再写出执行函数命令：

Newt_n('w1_', - 2.4)

运行结果如下：

n = 1,　x = -2.07455e +000,　y = -4.62400e +000,　yd = 1.42081e +001

n = 2,　x = -2.00300e +000,　y = -7.04729e -001,　yd = 9.84916e +000

n = 3,　x = -1.99999e +000,　y = -2.70510e -002,　yd = 8.97603e +000

n = 4,　x = -2.00000e +000,　y = 1.26243e -004,　yd = 8.93993e +000

Final answer = -2.000000e +000

ans =

　　- 2.0000.

（3）用 MATLAB 内部函数 solve 直接求出方程的所有根，运行清单如下：

syms x

solve(x.^3 - 3 * x + 2)

运行结果如下：

ans =

$$[1, 1, -2]$$

根据结果可以看出，MATLAB 内部函数 solve 所求方程的根比较准确，且能求出所有的根（包括重根）。

三、非线性方程求解方法的应用

实验目的：

将所学计算方法应用于实际问题的解决，体会科学研究的过程。

实验内容：（以下问题二选一）

（1）计算圆周率的方法有很多。请查找资料，任选一种计算圆周率的非线性方程，用本章所学方法给出计算圆周率的算法。

（简介：圆周率是圆的周长和它的直径的比。这个比值是一个无限不循环小数，通常用小写的希腊字母 π 表示。古人计算圆周率，一般是用割圆法。即用圆的内接或外切正多边形来逼近圆的周长。Archimedes 用正 96 边形得到圆周率小数点后 3 位的精度；刘徽用正 3072 边形得到 5 位精度。Ludolph Van Ceulen 用正 262 边形得到了 35 位精度。这种基于几何的算法计算量大，速度慢，吃力不讨好。随着数学的发展，数学家们在进行数学研究时有意无意地发现了许多计算圆周率的公式……）

（2）请查找资料，研究波音公司飞机最佳定价的策略。要求：查找影响定价的因素、建立模型、求解、写出完整的算法清单、完成实验报告。（附：参考资料）

实验要求：

将你的成果写成一篇研究性小论文，标题自拟。

附：参考资料

波音公司飞机最佳定价策略

全球最大的飞机制造商——波音公司自 1955 年推出的波音 707 开始，成功地开发了一系列的喷气式客机。问题：讨论该公司对一种新型客机最优定价策略的数学模型。

1. 问题分析

定价策略涉及到诸多因素，这里考虑以下主要因素：价格、竞争对手的行为、出售客机的数量、波音公司的客机制造量、制造成本、波音公司的市场占有率等等因素。

2. 假设及模型

价格记为 p，根据实际情况，对于民航飞机制造商，能够与波音公司抗衡的竞争对手只有一个，因此他们可以在价格上达成一致，具体假设如下：

（1）型号：为了研究方便，假设只有一种型号飞机；

（2）销售量：其销售量只受飞机价格 p 的影响。预测以此价格出售，该型号飞机全球销售量为 N。N 应该受到诸多因素的影响，假设其中价格是最主要的因素。根据市场历史的销售规律和需求曲线，假设该公司销售部门预测得到：$N = N(p) = -78p^2 + 655p + 125$；

（3）市场占有率：既然在价格上达成一致，即价格的变化是同步的，因此，不同定价不会影响波音公司的市场占有率，因此市场占有率是常数，记为 h；

（4）制造数量：假设制造量等于销售量，记为 x。既然可以预测该型号飞机全球销售量，结合波音公司的市场占有率，可以得到 $x = h \times N(p)$；

（5）制造成本：根据波音产品分析部门的估计，制造成本为 $C(x) = 50 + 1.5x + 8x^{\frac{3}{4}}$；

（6）利润：假设利润等于销售收入去掉成本，并且公司的最优策略原则为利润 $R(p)$ 最大 $R(x) = px - C(x)$。

由以上简化的分析及假设得到波音公司飞机最佳定价策略的数学模型如下：

$$\text{Max} R(p) = px - C(x)$$

其中：

$$N = N(p) = -78p^2 + 655p + 125,$$

$$x = h \times N(p),$$

$$C(x) = 50 + 1.5x + 8x^{\frac{3}{4}},$$

$$p, x, N \geqslant 0.$$

3. 模型求解

我们采用图形放大的方法求解。具体用 MATLAB 作出目标函数曲线图，得到一个直观的印象：最优定价策略下价格 p 大致在 $6 \sim 7$ 之间；再用图形放大方法，进一步估计出（图 5.2）$p \approx 6.2859$，$R = 1780.8336$。

MATLAB 程序如下（作函数曲线图的基本程序）：

```
h = 0.5; a = 6.285; b = 6.287; n = 80; d = (b - a)/n;
for i = 1:n + 1
pr(i) = a + (i - 1) * d; p = pr(i);
n = -78 * p^2 + 655 * p + 125; x = h * n; r = p * x;
c = 50 + 1.5 * x + 8 * x^(3/4); l(i) = r - c;
end
plot(pr,l);grid on
xlabel('价格 p'); title('利润曲线 R(p)')
```

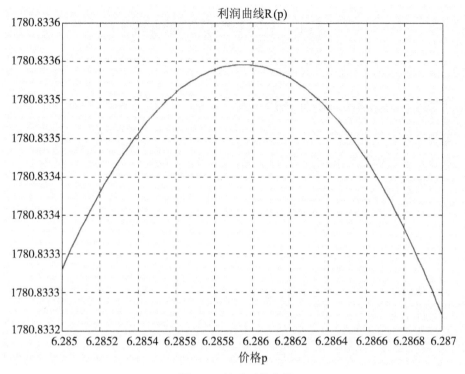

图 5.2　目录函数曲线

注意：

（1）根据图形的具体情况，不断修改上面程序中的最长一条语句，就可以不断地放大图形，将最优解的范围限制得越来越小，直至找出满意的近似解。

（2）以上的市场占有率 $h = 0.5$；对于市场占有率 h 的其它取值，可以类似地进行。

4. 进一步思考的几个问题

（1）求出 h 取其他值时的最优价格，并进行比较；

（2）该模型本身是一个最值问题，由高等数学的知识，可以利用导数求驻点然后求最值。给出用此方法得到最佳价格 p（精确到小数点后四位）的求解过程及 MATLAB 程序。

（3）如果模型假设中，在预测该型号飞机的全球销售量时，使用的不是二次函数，而是其他符合市场规律的曲线，具体考虑几种不同曲线，并进行计算和比较。

（4）以上问题的 6 条假设中，哪些较为合理，哪些不太合理，应该如何修改？

（5）在将此模型推向实际应用时，哪些因素是关键的，哪些因素处理和参数的获取是很困难的？

实验六 微分方程数值解法

(验证性实验，选学)

一、解初值问题的各种方法比较

实验目的：

掌握各种解初值问题的方法，体会步长对问题解的影响。

实验内容：

给定初值问题

$$\begin{cases} \dfrac{\mathrm{d}y}{\mathrm{d}x} = \dfrac{2}{x}y + x^2\mathrm{e}^x, & 1 < x \leqslant 2 \\ y(0) = 1 \end{cases}$$

其精确解为 $y = x^2(\mathrm{e}^x - \mathrm{e})$。

实验要求：

分别按下面几种法则编写程序：

(1) 欧拉法，步长 $h = 0.025, h = 0.1$；

(2) 改进的欧拉法，步长 $h = 0.05, h = 0.1$；

(3) 四阶标准龙格-库塔法，步长 $h = 0.1$；

求在节点 $x_k = 1 + 0.1k(k = 1, 2, \cdots, 10)$ 处的数值解及误差，并比较各方法的优缺点。用 MATLAB 中的内部函数 dsolve 求此常微分方程初值问题的解，并与上述结果进行比较。

解：

(1) 利用欧拉法求解常微分方程。

首先写出欧拉方法源程序的代码 .m 文件。

```
% a：自变量取值上限
% b：自变量取值下限
% M：常微分方程的变量组
% ya：函数初值
function E = euler(f, a, b, ya, M)
h = (b - a)/M;% 积分步长
x = zeros(1, M + 1);
y = zeros(1, M + 1);
yy = zeros(1, M + 1);
z = zeros(1, M + 1);
```

```
x = a:h:b;
y(1) = ya;
for j = 1:M
        y(j + 1) = y(j) + h * feval(f,x(j),y(j));
end
yy = x.^2. * (exp(x) - exp(1));
z = yy - y;
fprintf('\n Extended    Trapezoidal    Rule\n');
fprintf('\n      t          y          yy      Error\n');
E = [x',y',yy',z']
plot(x,y,x,yy,'r',x,z,':')
grid on
legend('欧拉曲线','真值曲线','误差曲线')
```

然后建立原函数的.m文件:

```
function yp = funt(x,y)
yp = (2/x) * y + x^2 * exp(x)
```

最后输入执行命令:

```
E = euler('funt',1,2,1,10);%步长为0.1
E = euler('funt',1,2,1,40);%步长为0.025
```

输出结果如下:

%步长为0.1

Extended	Trapezoidal	Rule	
t	y	yy	Error
1.0000	0	0	0
1.1000	0.2718	0.3459	0.0741
1.2000	0.6848	0.8666	0.1819
1.3000	1.2770	1.6072	0.3302
1.4000	2.0935	2.6204	0.5268
1.5000	3.1874	3.9677	0.7802
1.6000	4.6208	5.7210	1.1001
1.7000	6.4664	7.9639	1.4975
1.8000	8.8091	10.7936	1.9845

　　1. 9000　　　11. 7480　　　14. 3231　　　2. 5751

所得函数曲线如图 6.1 所示：

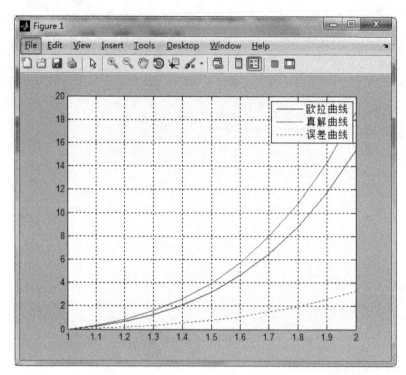

图 6.1　步长为 0.1 的欧拉方法所作的曲线

　　% 步长为 0.025

Extended	Trapezoidal		Rule
t	y	yy	Error

E ＝

t	y	yy	Error
1. 0000	0	0	0
1. 0250	0. 0680	0. 0723	0. 0043
1. 0500	0. 1445	0. 1537	0. 0092
1. 0750	0. 2301	0. 2447	0. 0145
1. 1000	0. 3255	0. 3459	0. 0204
1. 1250	0. 4311	0. 4581	0. 0269
1. 1500	0. 5478	0. 5818	0. 0340
1. 1750	0. 6760	0. 7177	0. 0417
1. 2000	0. 8165	0. 8666	0. 0501
1. 2250	0. 9701	1. 0293	0. 0592
1. 2500	1. 1374	1. 2063	0. 0690

1. 2750	1. 3192	1. 3987	0. 0795
1. 3000	1. 5164	1. 6072	0. 0908
1. 3250	1. 7297	1. 8327	0. 1030
1. 3500	1. 9601	2. 0761	0. 1159
1. 3750	2. 2085	2. 3383	0. 1298
1. 4000	2. 4757	2. 6204	0. 1446
1. 4250	2. 7629	2. 9232	0. 1604
1. 4500	3. 0709	3. 2480	0. 1771
1. 4750	3. 4009	3. 5958	0. 1949
1. 5000	3. 7539	3. 9677	0. 2138
1. 5250	4. 1311	4. 3649	0. 2338
1. 5500	4. 5337	4. 7886	0. 2549
1. 5750	4. 9630	5. 2402	0. 2773
1. 6000	5. 4201	5. 7210	0. 3009
1. 6250	5. 9065	6. 2322	0. 3258
1. 6500	6. 4235	6. 7755	0. 3520
1. 6750	6. 9725	7. 3522	0. 3797
1. 7000	7. 5551	7. 9639	0. 4088
1. 7250	8. 1728	8. 6122	0. 4394
1. 7500	8. 8272	9. 2987	0. 4715
1. 7750	9. 5200	10. 0253	0. 5053
1. 8000	10. 2529	10. 7936	0. 5407
1. 8250	11. 0277	11. 6056	0. 5779
1. 8500	11. 8464	12. 4632	0. 6168
1. 8750	12. 7107	13. 3683	0. 6576
1. 9000	13. 6228	14. 3231	0. 7003
1. 9250	14. 5847	15. 3297	0. 7450
1. 9500	15. 5985	16. 3903	0. 7918
1. 9750	16. 6667	17. 5073	0. 8407
2. 0000	17. 7914	18. 6831	0. 8917

所得函数曲线如图 6. 2 所示：

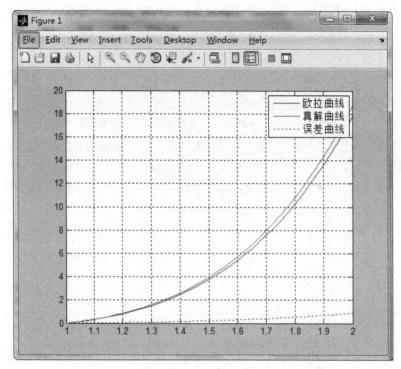

图 6.2 步长为 0.025 的欧拉方法所作的曲线

（2）改进的欧拉法。

首先输入改进欧拉法的源程序代码. m 文件：

```
function H = heun(f,a,b,ya,M)
h = (b - a)/M;
x = zeros(1,M + 1);
y = zeros(1,M + 1);
x = a:h:b;
y(1) = ya;
for j = 1:M
    k1 = feval(f,x(j),y(j));
    k2 = feval(f,x(j + 1),y(j) + h * k1);
    y(j + 1) = y(j) + (h/2) * (k1 + k2);
end
yy = x.^2. * (exp(x) - exp(1));
z = yy - y;
fprintf('\n Extended        Trapezoidal        Rule\n');
```

fprintf$('\n$ t   y   yy   Error$\n')$;

$H = [x',y',yy',z']$

plot$(x,y,x,yy,'r',x,z,':')$

grid on

legend$('$改进欧拉函数曲线$','$原函数曲线$','$误差曲线$')$

输入执行命令:

E = heun$('funt',1,2,1,10)$;%步长为 0. 1

E = heun$('funt',1,2,1,10)$;%步长为 0. 025

结果如下:

%步长为 0. 1

Extended		Trapezoidal		Rule
t	y		yy	Error
1. 0000	0		0	0
1. 1000	0. 3424		0. 3459	0. 0035
1. 2000	0. 8583		0. 8666	0. 0083
1. 3000	1. 5927		1. 6072	0. 0145
1. 4000	2. 5983		2. 6204	0. 0221
1. 5000	3. 9364		3. 9677	0. 0312
1. 6000	5. 6789		5. 7210	0. 0421
1. 7000	7. 9092		7. 9639	0. 0547
1. 8000	10. 7245		10. 7936	0. 0692
1. 9000	14. 2374		14. 3231	0. 0856
2. 0000	18. 5789		18. 6831	0. 1042

所得函数曲线如图 6.3 所示:

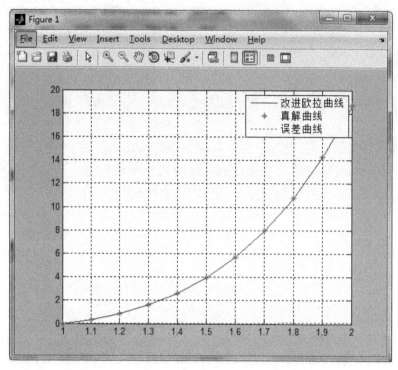

图 6.3   步长为 0.1 的改进欧拉方法所作的曲线

% 步长为 0.025

Extended	Trapezoidal		Rule
t	y	yy	Error
1.0000	0	0	0
1.0250	0.0722	0.0723	0.0001
1.0500	0.1535	0.1537	0.0001
1.0750	0.2445	0.2447	0.0002
1.1000	0.3457	0.3459	0.0003
1.1250	0.4577	0.4581	0.0003
1.1500	0.5813	0.5818	0.0004
1.1750	0.7172	0.7177	0.0005
1.2000	0.8660	0.8666	0.0006
1.2250	1.0285	1.0293	0.0007
1.2500	1.2055	1.2063	0.0008
1.2750	1.3978	1.3987	0.0010
1.3000	1.6061	1.6072	0.0011
1.3250	1.8315	1.8327	0.0012

1. 3500	2. 0747	2. 0761	0. 0013
1. 3750	2. 3368	2. 3383	0. 0015
1. 4000	2. 6187	2. 6204	0. 0016
1. 4250	2. 9214	2. 9232	0. 0018
1. 4500	3. 2461	3. 2480	0. 0020
1. 4750	3. 5936	3. 5958	0. 0021
1. 5000	3. 9654	3. 9677	0. 0023
1. 5250	4. 3624	4. 3649	0. 0025
1. 5500	4. 7859	4. 7886	0. 0027
1. 5750	5. 2373	5. 2402	0. 0029
1. 6000	5. 7179	5. 7210	0. 0031
1. 6250	6. 2289	6. 2322	0. 0033
1. 6500	6. 7719	6. 7755	0. 0035
1. 6750	7. 3484	7. 3522	0. 0038
1. 7000	7. 9599	7. 9639	0. 0040
1. 7250	8. 6079	8. 6122	0. 0043
1. 7500	9. 2942	9. 2987	0. 0045
1. 7750	10. 0205	10. 0253	0. 0048
1. 8000	10. 7886	10. 7936	0. 0051
1. 8250	11. 6003	11. 6056	0. 0053
1. 8500	12. 4575	12. 4632	0. 0056
1. 8750	13. 3624	13. 3683	0. 0059
1. 9000	14. 3168	14. 3231	0. 0062
1. 9250	15. 3231	15. 3297	0. 0066
1. 9500	16. 3834	16. 3903	0. 0069
1. 9750	17. 5001	17. 5073	0. 0072
2. 0000	18. 6755	18. 6831	0. 0076

所得函数曲线如图 6.4 所示：

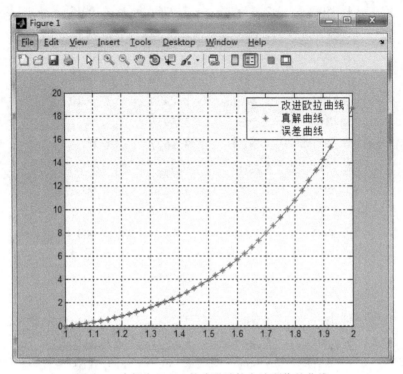

图 6.4　步长为 0.025 的改进欧拉方法所作的曲线

（3）龙格-库塔法。

首先写出龙格-库塔方法的源程序代码 . m 文件：

```
function R = rk4(f,a,b,ya,M)
h = (b-a)/M;
x = zeros(1,M+1);
y = zeros(1,M+1);
x = a:h:b;
y(1) = ya;
for j = 1:M
    k1 = h * feval(f,x(j),y(j));
    k2 = h * feval(f,x(j) + h/2,y(j) + k1/2);
    k3 = h * feval(f,x(j) + h/2,y(j) + k2/2);
    k4 = h * feval(f,x(j) + h,y(j) + k3);
    y(j+1) = y(j) + (k1 + 2 * k2 + 2 * k3 + k4)/6;
end
y;
```

```
yy = x.^2. * (exp(x) - exp(1));
z = yy - y;
fprintf('\n Extended        Trapezoidal        Rule\n');
fprintf('\n      t          y          yy          Error\n');
R = [x',y',yy',z']
plot(x,y,x,yy,'r',x,z,':')
grid on
legend('龙格-库塔曲线','原函数曲线',误差曲线')
```

然后，输入执行命令：

```
E = rk4('funt',1,2,1,10);% 步长为 0.1
E = rk4('funt',1,2,1,40);% 步长为 0.025
```

结果如下：

%步长为 0.1

Extended	Trapezoidal		Rule
t	y	yy	Error
1.0000	0	0	0
1.1000	0.3459	0.3459	0.0000
1.2000	0.8666	0.8666	0.0000
1.3000	1.6072	1.6072	0.0000
1.4000	2.6203	2.6204	0.0000
1.5000	3.9676	3.9677	0.0001
1.6000	5.7209	5.7210	0.0001
1.7000	7.9638	7.9639	0.0001
1.8000	10.7935	10.7936	0.0001
1.9000	14.3229	14.3231	0.0001

所得函数曲线如图 6.5 所示：

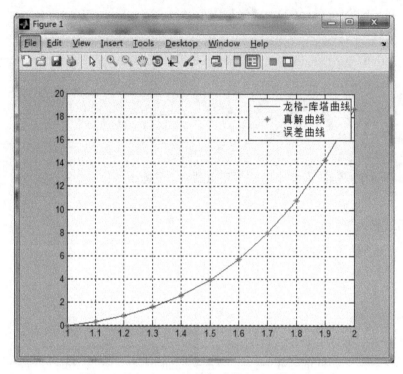

图 6.5 步长为 0.1 的龙格-库塔方法所作的曲线

% 步长为 0.025

Extended		Trapezoidal	Rule
t	y	yy	Error
1.0000	0	0	0
1.0250	0.0723	0.0723	0.0000
1.0500	0.1537	0.1537	0.0000
1.0750	0.2447	0.2447	0.0000
1.1000	0.3459	0.3459	0.0000
1.1250	0.4581	0.4581	0.0000
1.1500	0.5818	0.5818	0.0000
1.1750	0.7177	0.7177	0.0000
1.2000	0.8666	0.8666	0.0000
1.2250	1.0293	1.0293	0.0000
1.2500	1.2063	1.2063	0.0000
1.2750	1.3987	1.3987	0.0000
1.3000	1.6072	1.6072	0.0000
1.3250	1.8327	1.8327	0.0000

1. 3500	2. 0761	2. 0761	0. 0000
1. 3750	2. 3383	2. 3383	0. 0000
1. 4000	2. 6204	2. 6204	0. 0000
1. 4250	2. 9232	2. 9232	0. 0000
1. 4500	3. 2480	3. 2480	0. 0000
1. 4750	3. 5958	3. 5958	0. 0000
1. 5000	3. 9677	3. 9677	0. 0000
1. 5250	4. 3649	4. 3649	0. 0000
1. 5500	4. 7886	4. 7886	0. 0000
1. 5750	5. 2402	5. 2402	0. 0000
1. 6000	5. 7210	5. 7210	0. 0000
1. 6250	6. 2322	6. 2322	0. 0000
1. 6500	6. 7755	6. 7755	0. 0000
1. 6750	7. 3522	7. 3522	0. 0000
1. 7000	7. 9639	7. 9639	0. 0000
1. 7250	8. 6122	8. 6122	0. 0000
1. 7500	9. 2987	9. 2987	0. 0000
1. 7750	10. 0253	10. 0253	0. 0000
1. 8000	10. 7936	10. 7936	0. 0000
1. 8250	11. 6056	11. 6056	0. 0000
1. 8500	12. 4632	12. 4632	0. 0000
1. 8750	13. 3683	13. 3683	0. 0000
1. 9000	14. 3231	14. 3231	0. 0000
1. 9250	15. 3297	15. 3297	0. 0000
1. 9500	16. 3903	16. 3903	0. 0000
1. 9750	17. 5073	17. 5073	0. 0000
2. 0000	18. 6831	18. 6831	0. 0000

所得函数曲线如图 6.6 所示：

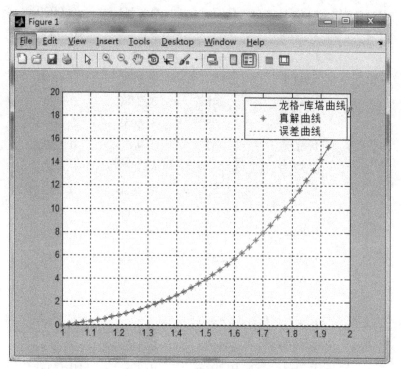

图 6.6　　步长为 0.025 的龙格-库塔方法所作的曲线

下面我们用 MATLAB 中的内部函数 dsolve 求此常微分方程初值问题的解，并与上述结果进行比较。

%步长为 0.1

y = dsolve('Dy = 2/x * y + x^2 * exp(x)', 'y(1) = 0', 'x');

x = 1:0.1:2;

yy = subs(y, x)'

输出结果为：

[0 0.3459 0.8666 1.6072 2.6204 3.9677 5.7210 7.9639 10.7936 14.3231 18.6831]

%步长为 0.025

y = dsolve('Dy = 2/x * y + x^2 * exp(x)', 'y(1) = 0', 'x');

x = 1:0.025:2;

yy = subs(y, x)'

输出结果为：

[0 0.0723 0.1537 0.2447 0.3459 0.4581 0.5818 0.7177 0.8666 1.0293 1.2063 1.3987 1.6072 1.8327 2.0761 2.3383 2.6204 2.9232 3.2480 3.5958 3.9677 4.3649 4.7886 5.2402 5.7210 6.2322 6.7755 7.3522 7.9639 8.6122

9. 2987 10. 0253 10. 7936 11. 6056 12. 4632 13. 3683 14. 3231 15. 3297 16. 3903
17. 5073 18. 6831]

欧拉法（0.1）	改进的欧拉法（0.1）	龙格-库塔法（0.1）	真实解（0.1）
0.0000	0.0000	0.0000	0.0000
0.2718	0.3424	0.3459	0.3459
0.6848	0.8583	0.8666	0.8666
1.2270	1.5927	1.6072	1.6072
2.0935	2.5983	2.6203	2.6204
3.1874	3.9364	3.9676	3.9677
4.6208	5.6789	5.7209	5.7210
6.6446	7.9092	7.2638	7.2639
8.8091	10.7245	10.7935	10.7936
11.7480	14.2374	14.3229	14.3231
15.3982	18.5789	18.6829	18.6831

由上述计算结果看出，改进的欧拉算法较欧拉算法明显改善了精度，但是三种方法中以龙格-库塔方法的精度最高，当然其计算量也比改进的欧拉算法大了许多。在应用中，要根据实际要求选择算法。

二、实际应用

利用本章方法，解决下列问题：

棒球击出的速度为每秒 100 英尺，与水平线夹角为 30°，球拍离地面 3 英尺，忽略空气和风力的阻力，请问：它能否飞过离本垒 200 英尺远、35 英尺高的围墙？以哪个角度出击，可使得棒球飞过围墙？

解：

首先建立方程组 $\begin{cases} x = v_0 t & (1) \\ y = s + v_1 t - \dfrac{1}{2}gt^2 & (2) \end{cases}$

其中 x, y 分别表示棒球飞离本垒的水平和垂直距离，$s = 3$，$v_0 = v\cos 30$，$v_1 = v\sin 30$，$v = 100$，$g \approx 10$。

由（1）式可求 t 的范围：$0 < t \leqslant \dfrac{200}{v_0} \approx 2.3$。

对（2）求导得 $\begin{cases} y(0) = 3 \\ \dfrac{\mathrm{d}y}{\mathrm{d}t} = v_1 - gt \end{cases}$

下面采用龙格-库塔方法求解上式。

输入源代码：

```
function R = rk4(f,a,b,ya,M)
h = (b - a)/M;
x = zeros(1,M + 1);
y = zeros(1,M + 1);
x = a:h:b;
y(1) = ya;
for j = 1:M
    k1 = h * feval(f,x(j),y(j));
    k2 = h * feval(f,x(j) + h/2,y(j) + k1/2);
    k3 = h * feval(f,x(j) + h/2,y(j) + k2/2);
    k4 = h * feval(f,x(j) + h,y(j) + k3);
    y(j + 1) = y(j) + (k1 + 2 * k2 + 2 * k3 + k4)/6;
end
y;
fprintf('\n Extended        Trapezoidal       Rule\n');
fprintf('\n        t        y       yy       Error\n');
R = [x',y']
plot(x,y)
grid on
legend('龙格-库塔曲线')

function yp = funt(x,y)
yp = sin(pi/6) * 100 - 10 * x;
```

输入执行函数：

```
clc
clear
R = rk4('funt',0,200/(100 * cos(pi/6)),0,10);
```

实验结果为：

Extended	Trapezoidal
t	y
0	3. 0000
0. 2309	14. 2803
0. 4619	25. 0273
0. 6928	35. 2410
0. 9238	44. 9214
1. 1547	54. 0684
1. 3856	62. 6820
1. 6166	70. 7624
1. 8475	78. 3094
2. 0785	85. 3230
2. 3094	91. 8034

结果表明，在 $x = 200, 0 < t \leqslant \dfrac{200}{v_0} \approx 2.3$ 秒的要求下，棒球最高可以飞过 91. 8034 英尺高的围墙。所以，本题中的棒球不但能飞过离本垒 200 英尺远、35 英尺高的围墙，而且仅需 0. 6928 秒。棒球飞出去的龙格-库塔曲线如图 6.7 所示。

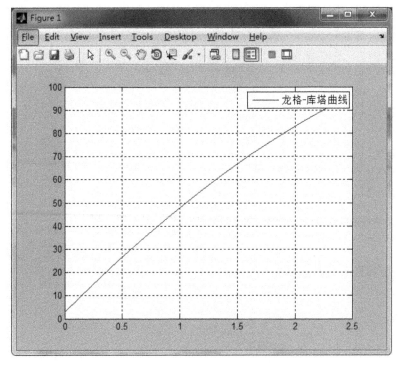

图 6.7　棒球飞出去的龙格-库塔曲线

（2）根据方程组中的（2）式，可得 $y = 200 * \tan(\alpha) - \dfrac{20}{\cos(\alpha)^2} + 3$，其中 α 为击球角度。

将上式对 α 求导，建立微分方程

$$\frac{\mathrm{d}y}{\mathrm{d}\alpha} = \frac{200}{\cos^2\alpha} - \frac{40\sin\alpha}{\cos^3\alpha}$$

采用龙格-库塔方法求解。

建立原函数：

$\text{function } yp = \text{funt}(\text{alpha}, y)$

$yp = 200/\cos(\text{alpha})^2 - (40 * \sin(\text{alpha}))/\cos(\text{alpha})^3;$

输入执行函数：

clc

clear

$R = \text{rk4}('\text{funt}', 0, \text{pi}/6, 3, 10);$　%已知棒球 30 度时已飞过围墙，所以不妨设 $\alpha \in [0, 30]$

输出结果为：

Extended	Trapezoidal
alpha	y
0	3.0000
0.0524	−6.5734
0.1047	3.7999
0.1571	14.1752
0.2094	24.6077
0.2618	35.1539
0.3142	45.8725
0.3665	56.8258
0.4189	68.0812
0.4712	79.7128
0.5236	91.8034

所得函数曲线如图 6.8 所示：

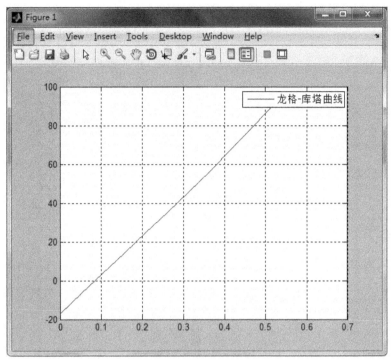

图 6.8　棒球抛出去的龙格-库塔曲线

（关于击球角度的变化曲线）

这样，棒球只需以 α = 0. 2618（转化为角度：pi/12 = 15 度）的角度出击，就可以飞过离本垒 200 英尺远、35 英尺高的围墙。

参考文献

［1］李庆扬等．数值分析［M］．5．北京：清华大学出版社，施普林格出版社，2008．

［2］薛毅．数值分析与实验［M］．北京：北京工业大学出版社，2005．

［3］郑慧娆等．数值计算方法［M］．武汉：武汉大学出版社，2004．

［4］同济大学计算数学教研室．数值分析基础［M］．上海：同济大学出版社，2002．

［5］李有法．数值计算方法［M］．北京：高等教育出版社，1998．

［6］吴振远．科学计算实验指导书：基于 MATLAB 数字分析［M］．武汉：中国地质大学出版社，2010．